生命情報処理における機械学習

多重検定と推定量設計

Machine Learning in Bioinformatics

瀬々 潤
浜田道昭

講談社

■ 編者
杉山　将　博士（工学）
東京大学大学院新領域創成科学研究科 教授

シリーズの刊行にあたって

インターネットや多種多様なセンサーから，大量のデータを容易に入手できる「ビッグデータ」の時代がやって来ました．現在，ビッグデータから新たな価値を創造するための取り組みが世界的に行われており，日本でも産学官が連携した研究開発体制が構築されつつあります．

ビッグデータの解析には，データの背後に潜む規則や知識を見つけ出す「機械学習」とよばれる知的データ処理技術が重要な働きをします．機械学習の技術は，近年のコンピュータの飛躍的な性能向上と相まって，目覚ましい速さで発展しています．そして，最先端の機械学習技術は，音声，画像，自然言語，ロボットなどの工学分野で大きな成功を収めるとともに，生物学，脳科学，医学，天文学などの基礎科学分野でも不可欠になりつつあります．

しかし，機械学習の最先端のアルゴリズムは，統計学，確率論，最適化理論，アルゴリズム論などの高度な数学を駆使して設計されているため，初学者が習得するのは極めて困難です．また，機械学習技術の応用分野は非常に多様なため，これらを俯瞰的な視点から学ぶことも難しいのが現状です．

本シリーズでは，これからデータサイエンス分野で研究を行おうとしている大学生・大学院生，および，機械学習技術を基礎科学や産業に応用しようとしている大学院生・研究者・技術者を主な対象として，ビッグデータ時代を牽引している若手・中堅の現役研究者が，発展著しい機械学習技術の数学的な基礎理論，実用的なアルゴリズム，さらには，それらの活用法を，入門的な内容から最先端の研究成果までわかりやすく解説します．

本シリーズが，読者の皆さんのデータサイエンスに対するより一層の興味を掻き立てるとともに，ビッグデータ時代を渡り歩いていくための技術獲得の一助となることを願います．

2014 年 11 月

「機械学習プロフェッショナルシリーズ」編者
杉山 将

まえがき

本書は，機械学習の応用として期待される生命情報のデータ処理に関して書かれた本です．

生命情報を解析することは，創薬や医療に役立つだけでなく，農業や環境対策への波及効果も期待できるため，機械学習の重要な応用先として期待されています．本書の第1章で導入するように，生命そのものが「情報」の固まりのようなものであり，機械学習の応用先は数知れません．その一方で，実際に機械学習が生命情報の解析に応用され，活用される機会は限定的でした．

その理由の1つとして，学習に必要な量のデータが十分には集まっていなかったことが挙げられます．この点は，近年解決に近づきつつあります．技術の進歩やデータベースの整備により，機械学習や統計解析に利用可能な情報が急速に増えており，機械学習の様々な応用が待たれています．

もう1つの理由として，生命科学の問題が，必ずしも機械学習や統計などの数理・計算機科学を専攻している人になじみやすくないという点が挙げられます．生命科学の問題は数理・計算機科学的に見ると定義が曖昧であることも少なくなく，解くべき問題がわかりにくいという側面があります．本書では，この点を解決するため，第1章において生命科学の基礎を，特に生命情報処理で利用される用語を中心に概説し，「生命科学について知識がないから」という理由で機械学習の生命情報への応用を避けていた方に，簡単な導入となることを目指しました．

第1章を読んでいただくと，生命情報の処理には，多種多様な機械学習の問題が潜むことに気づいていただけると思います．それらの問題すべてを1冊の書籍で網羅することは困難です．そこで本書では「生命情報の処理をする際に多く現れる問題」かつ「生命情報の処理を出発点として開発された手法」として，第2章で解説する「多重検定」問題と，第3章で述べる「推定量の設計」問題に焦点を絞って紹介します．いずれにおいてもDNAとRNAの配列解析を例として用いました．これらは，生命情報分野を含めて古くから研究されていると同時に，近年の情報爆発で重要性が増しているためです．実際に展開される理論や考え方は生命情報の処理のみに依存したものばかりではないため，生命情報以外の分野への応用も意識して記述しています．

さらに，各章を読破する際に，生物学の予備知識はなるべく必要としないよう，自己完結的に記述していますので，どの章からでも読みはじめることが可能です．

第 2 章で説明する多重検定問題は，複数の検定を行った場合に起こる偽陽性の取り扱いに関する話題で，統計分野の問題として古くから研究されています．しかし，生命情報処理においては，その多重度が高く，数万から数百万に及ぶ検定が行われます．これは，かつて考えられていた状態からは逸脱する状況ですから，それに対する最近の解決法を紹介しました．統計的な評価は，機械学習の精度評価と必ずしも相容れないところがありますが，生命科学分野においては，重要視される指標です．機械学習手法の結果を評価する際にも，統計的評価は重要となっていますので，ここで取り上げました．

第 3 章では，配列解析における推定量設計に関して初歩的な部分から説明しています．配列解析は，生命情報処理の中では古くから研究がなされている分野です．したがって，この分野に関する良書は日本語のものを含めてすでに複数存在しています．本書では古典的な部分を踏襲しながらも，最近の結果も取り入れたので，ほかの教科書とは若干趣が異なるものとなっているのではないかと思います．本文の記述には，抽象的なものも多く含まれますが，例を多く図示することにより，イメージをつかみやくなるようにしてあります．さらに，細かい発展的な部分 に関しては付録を活用して詳細に説明を行うようにしました．適宜参照をすることにより理解が深まることを期待しています．

本書は第 1 章，第 2 章を瀬々が中心に，第 3 章と付録 A は浜田が中心となって執筆し，互いに話し合うことで 1 冊の本としてまとめました．本書をきっかけに，多くの機械学習手法が生命情報処理に応用され，また，新たな手法が登場してくれることを願っています．

最後になりますが，本書全体の原稿をチェックして詳細なコメントをくださった産業技術総合研究所の後藤修先生，東京大学の津田宏治先生に感謝申し上げます．また，東京大学・学振特別研究員の寺田愛花博士は，第 1 章，第 2 章に対して，チューリッヒ大学の清水（稲継）理恵博士は第 1 章に対して，東京大学の浅井潔先生，岩崎渉先生，岩切淳一博士，森遼太氏，福永津嵩氏，理化学研究所の尾崎遥博士，産業技術総合研究所の亀田倫史 博士，早稲田大学の有薗優太氏，西田新平氏は，第 3 章および付録 A に対して，数多くの有益なコメントをくださいました．そして，本シリーズの編者である東京大学の杉山将先生には，本書執筆の機会をいただいたうえに，本書全体に対してもコメントをいただきました．また講談社サイエンティフィクの瀬戸晶子氏には，本書の出版に関して終始お世話になりました．この場を借りて御礼申し上げます．

2015 年 10 月

瀬々 潤・浜田 道昭

目　次

Chapter 1

計算機科学者のための生命科学入門

観測技術の定量化と大規模化に伴って，生命科学には統計学や機械学習が活躍できる様々な問題が登場しています．一方で，生命科学に関する知識の習得が障壁となり，新たな統計・機械学習手法が生命科学の問題へと適用されない例も見受けられます．本章では，生命科学の基礎知識を導入します．そして，本書で扱う問題が，生命科学において，どのような位置づけとなっているかを紹介します．

1.1 生命に流れる情報

生命科学とは，生命が活動するために細胞内外で行われる様々な「情報」の流れを解析する分野と考えられます．ここで「情報」といっているものの担い手は様々であり，DNAであったり，化合物であったりします．親子がよく似ていることは，親から子へと遺伝される情報があることを表しています．また，疾患は，細胞内，細胞間でやりとりされている情報の流れが，通常許容できる範囲を外れることで発症すると考えられますし，薬は，その変化した情報の流れを，止める，強める，補完することによって制御し，正しい流れに戻すものだと考えられます．

生命の情報は階層的に制御されています．一人のヒトを代表とする個体を考えると，個体は（多細胞生物の場合は）複数の細胞から構成されます．ヒト

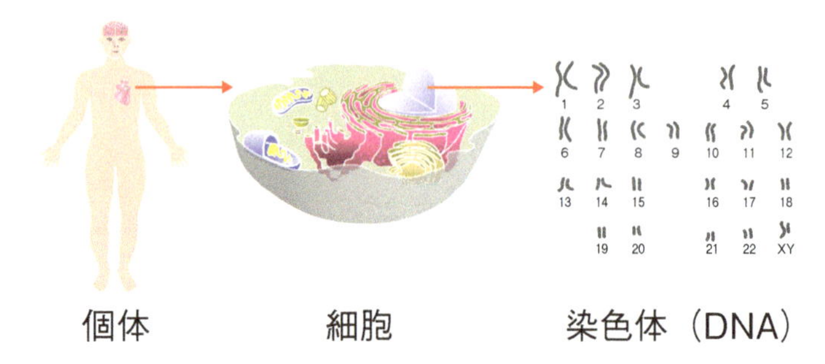

図 1.1　個体（人体）–細胞–染色体の関係．個体は細胞の集団であり，細胞の中は様々な小器官で区分けされています．特に核の中には遺伝する情報を含む染色体が入っています．

の場合は約 37 兆個の細胞が協調して活動しています．各細胞の中は，核を有する真核生物の場合は，**核** (**nucleus**)，**ミトコンドリア** (**mitochondria**) などの**細胞小器官** (**organelle**) に区分けされ，管理されています（図 **1.1**）．細胞の中でも，核の中にある**染色体** (**chromosome**) は，親から子へと受け継がれる情報を保持していて，特に重要です．ここでは，この染色体をはじまりとした情報の流れである**セントラルドグマ** (**central dogma**) について紹介します．

細胞内の情報の流れの根幹は，セントラルドグマと呼ばれます（図 **1.2**）．セントラルドグマは，**DNA**（**デオキシリボ核酸**）（図 **1.3**）からはじまります．核の中の染色体の正体は，DNA が鎖状に並んだものであり，この鎖がコンパクトに折り畳まって核の中に格納されています．DNA には**塩基** (**nucleotide**) が結合しており，塩基にはシトシン (Cytosine; C)，グアニン (Guanine; G)，アデニン (Adenine; A)，チミン (Thymine; T) の 4 種類があります．ヒトの DNA の場合，この 4 種類の塩基が約 30 億個，つまり 30 億文字が並んでいます．この DNA の情報量を考えると，各塩基は 4 種類なので 1 塩基 2bit の情報を持つといえます．2bit を 30 億個つなげると，2bit × 30 億 $= 6.0 \times 10^9$bit．1 Byte = 8 bit なので，7.5×10^8Byte =750MB の情報を有していることになります．この DNA 配列は，基本的にその個体が持つすべての細胞で同一であり，生涯変化しません．

DNA は，2 本で 1 対の分子が互いに巻きつき，約 10 塩基で 1 周するらせ

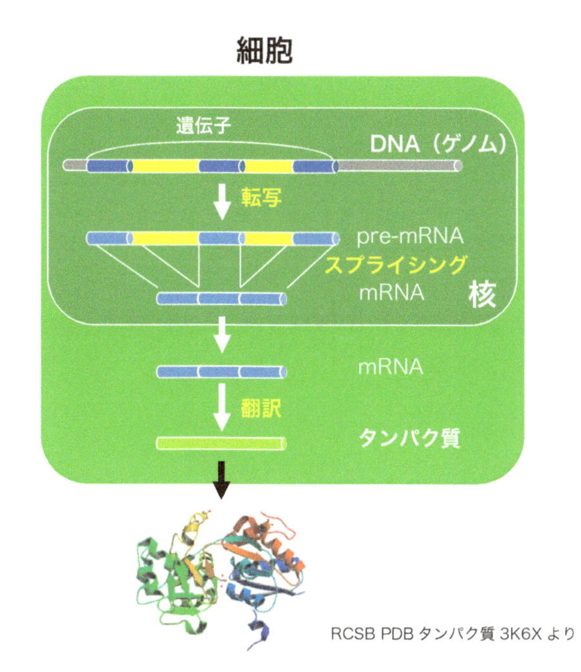

図 1.2　DNA を起点とした情報の流れ．セントラルドグマ．

ん状になった **2 重らせん構造 (double helix)** をとっています（図 1.3）．この対においてとれる塩基のペアは決まっており，A と T，C と G がそれぞれ対応しています．これらの間にそれぞれ 2 本と 3 本の水素結合が張られることで，安定した構造をとっています．この構造はワトソンとクリックが 1953 年に提唱し，2 人はこの研究で 1962 年にノーベル生理学・医学賞を受賞しています．

鎖状に並んだ DNA の中には**遺伝子 (gene)** 領域と呼ばれる部分があります（図 1.2）．ヒトの場合は DNA 上に 2 万 5,000 個程度の遺伝子領域が存在します．DNA 配列と遺伝子を総称して，gene（遺伝子）+chromosome（染色体）の造語で**ゲノム (genome)** といいます．ゲノム配列といった場合，DNA 配列（染色体上の DNA 配列）と同義になります．

遺伝子は直接は働きません．遺伝子領域は**リボ核酸(RNA)(ribonucleic**

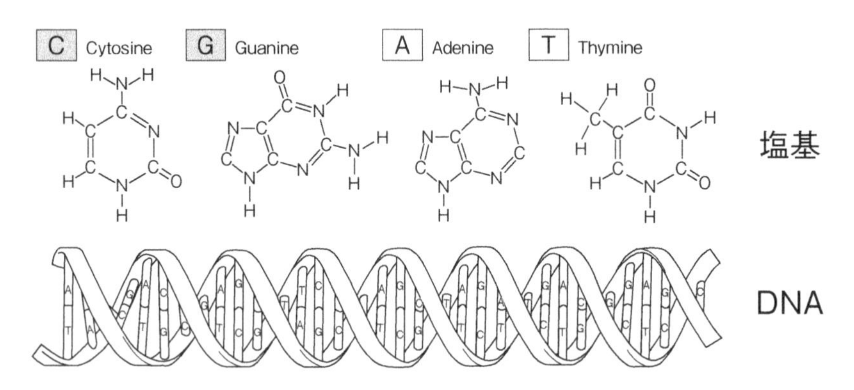

図 1.3　DNA の構造．DNA はシトシン，グアニン，アデニン，チミンの 4 つの塩基が鎖状に並んでいます．2 本の鎖が並び，らせん構造をとります．

acid) に転写された後，その一部が**タンパク質** (**protein**) に翻訳されます．特にタンパク質に翻訳される RNA は，**メッセンジャー RNA** (**mRNA**) と呼ばれます．そのタンパク質が，細胞膜の構成や細胞内の情報伝達など，様々な機能を果たします．RNA は，DNA とは構成する化合物が核酸かリボ核酸かという違いはありますが，DNA と同様に塩基がつながったものです．通常 1 本の鎖の構造をとります．遺伝子が RNA に転写される際には，DNA の核酸 CGAT の 4 塩基はそれぞれ，リボ核酸のシトシン (C)，グアニン (G)，アデニン (A)，ウラシル (U) になります．チミンがウラシルに変わるので，RNA の配列は CGAU の 4 種類で表されます．DNA からなる染色体は各体細胞中に（ヒトの場合 2 倍体種であり）2 セット（n 倍体種の場合には n セット）ずつしか存在しませんが，RNA は各遺伝子から，複数回読み取られて，細胞中に複数のコピーが存在できます．同一の DNA を持つ細胞であっても，読み取られる遺伝子やその量が異なり，細胞の機能を変化させることができます．このため，細胞中の各遺伝子由来の RNA 数を調べることで，どの遺伝子が，どのくらい働いているかを知ることができ，細胞の働きを予測できるようになることが期待されています（1.3 節）．

DNA は，通常，細胞の核内に入っていますが，RNA は，核外に出ることが可能です．ヒトなどの高等生物の場合，遺伝子領域全体が RNA に転写された後で，多くの遺伝子は，遺伝子領域の中でも主にタンパク質に翻訳さ

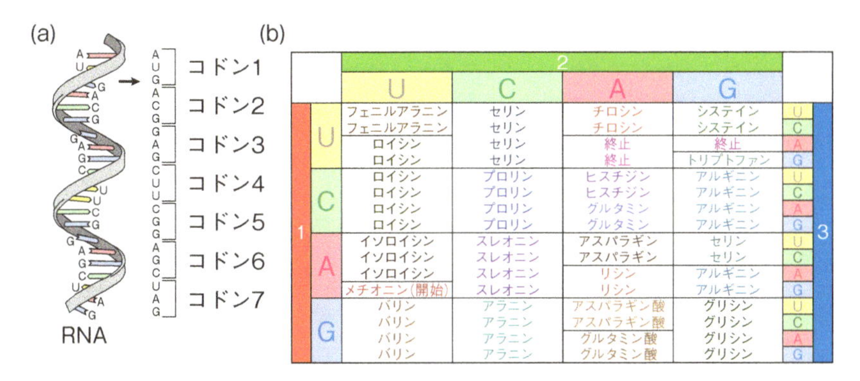

1	3	U	C	A	G
U	U	フェニルアラニン	セリン	チロシン	システイン
U	C	フェニルアラニン	セリン	チロシン	システイン
U	A	ロイシン	セリン	終止	終止
U	G	ロイシン	セリン	終止	トリプトファン
C	U	ロイシン	プロリン	ヒスチジン	アルギニン
C	C	ロイシン	プロリン	ヒスチジン	アルギニン
C	A	ロイシン	プロリン	グルタミン	アルギニン
C	G	ロイシン	プロリン	グルタミン	アルギニン
A	U	イソロイシン	スレオニン	アスパラギン	セリン
A	C	イソロイシン	スレオニン	アスパラギン	セリン
A	A	イソロイシン	スレオニン	リシン	アルギニン
A	G	メチオニン(開始)	スレオニン	リシン	アルギニン
G	U	バリン	アラニン	アスパラギン酸	グリシン
G	C	バリン	アラニン	アスパラギン酸	グリシン
G	A	バリン	アラニン	グルタミン酸	グリシン
G	G	バリン	アラニン	グルタミン酸	グリシン

図 1.4 RNA とコドンとの対応．また RNA 3 塩基とコドンとの対応を表すコドン表．

れる部分のみが抽出される**スプライシング** (**splicing**) が実施されます（図 1.2）．このスプライシングされた RNA が核外に移行し，タンパク質に翻訳されます．

タンパク質も DNA，RNA と同様に鎖状の構造をしています．しかし，つながっている物質は，**アミノ酸** (**amino acid**) です．DNA と RNA の塩基が 4 種類ずつであるのに対し，アミノ酸は 20 種類あります．RNA のアミノ酸への翻訳を考えると，RNA が 2 塩基で表せるパターンは最大で $4^2 = 16$ 種類ですので，最低 RNA 3 塩基を 1 つのアミノ酸に対応させないといけません．実際，RNA 3 塩基が 1 つのアミノ酸に対応しています（図 **1.4**(a)）．一方で，3 塩基あると，最大 $4^3 = 64$ 種類を表現できるので，少々対応が冗長です．RNA とアミノ酸の対応を示したものは，コドン表と呼ばれ図 1.4(b) に示す対応になっていることが知られています．コドン表では，各行が 1 文字目と 3 文字目，列が 2 文字目に対応しています．たとえば，CAU はヒスチジンを表し，逆に，ヒスチジンは，CAU, CAC の 2 種類で表されていることがわかります．コドン表の中で，AUG, UAA, UAG, UGA の 4 種類は特殊な役割を担っています．AUG は翻訳開始位置の指標として働き，開始コドンと呼ばれています．残りの 3 種類は終止コドンと呼ばれ，翻訳終了点を表し翻訳されません．このような対応で，DNA に保存された記号は，細胞の中で働く物質へと変換されます．

アミノ酸の列であるタンパク質は，3 次元の立体構造を形成し，この形も機能するうえで重要です．この立体構造は図 1.2 に示したようにリボン状の形で模式的に表されます．タンパク質には多様な機能があり，特定の化学反応を触媒する酵素となるもの，細胞膜などの細胞骨格を作るもの，細胞内外の情報伝達に寄与するもの，化合物の輸送を行うものなど，生命活動のありとあらゆる場面で機能します．

以上で紹介してきた DNA からタンパク質までの転写，翻訳の流れはセントラルドグマと呼ばれます．ほとんどすべての生物において，この主要な情報の流れは，同一になっています．

1.2 親から子へと受け継がれる情報

私たちのゲノム配列は 30 億の塩基対から構成されていますが，現在までに，個人間の塩基の**変異 (mutation)**（あるいは，**1 塩基多型；single nucleotide polymorphism; SNP** もしくは，**single nucleotide variation; SNV**）として見つかっている箇所は，大体 1,000 万箇所程度（全体の 0.3%強）あります．遺伝子領域に変異があると，mRNA の塩基，タンパク質の

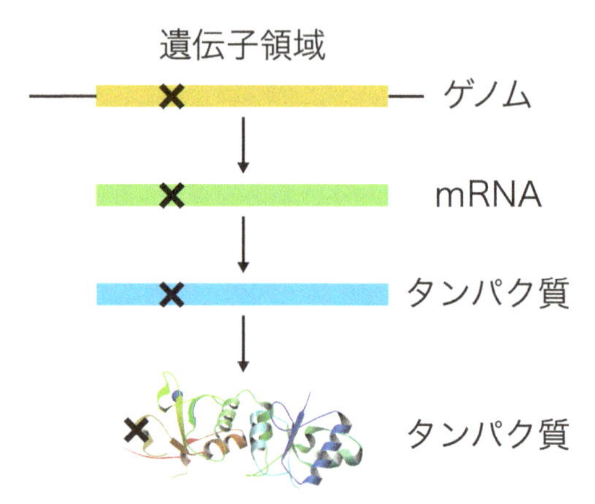

図 1.5 DNA 上の変異とタンパク質立体構造の関係．バツ印が変異のある位置を示しており，DNA 上の変異は核酸塩基，アミノ酸残基の変化を経て，タンパク質の立体構造にも影響を及ぼす可能性があります．

残基が変化し，ひいてはタンパク質の機能や立体構造（形状）にも変化を及ぼす可能性があります（**図 1.5**）．立体構造の変化によっても，機能不全が起き，疾患などにもつながります．よって，個々のゲノム配列を知り，比較をすることで，個人の持つ体質や，疾患が発症する確率を予測できる可能性があります．

一例として BRCA1 と呼ばれる遺伝子に特定の変異があると，乳がんになる確率が非常に高くなることが知られています．女優のアンジェリーナ・ジョリーは，自身にこの変異があること，そして，自身の母親が乳がんで若くして亡くなっていることなどの状況から，自身も乳がんになる可能性が高いと考えました．2013 年，その時点までにがん細胞が見つかっていないにもかかわらず，予防措置として乳房の摘出手術を受けました．変異によって高い発症確率が予測できる例は非常にまれで，この例を，過度な予防だと考える人も多いのですが，ゲノム情報を解析することで，個人の体質や疾病を予測できる部分があることは確かです．特に遺伝子領域と疾病の関連に関する研究は広く行われており，研究成果は Online Mendelian Inheritance in Man (OMIM) `http://www.omim.org/` を代表とするデータベースにまとめられています．研究の急速な進展と共に，ゲノム配列からわかることも急激に増えています．

しかし，すべての変異が，生体に影響を及ぼすかというと，必ずしもそうではありません．コドン表 (p.5，図 1.4) を考えると，タンパク質に影響を与えない変異もあることが推定できます．たとえば `CU` の後の 1 塩基は 4 種類のいずれであっても，ロイシンに翻訳されます．ですので，`CU`（ゲノム上では `CT`）の後に来る塩基に置換があっても，タンパク質のアミノ酸配列に変化はなく，細胞機能に影響は与えないだろうと考えられます．一方，`UUG` の塩基が翻訳されてロイシンになっていたもののうち，最後の `G` が `C` に置換されると，ロイシンがフェニルアラニンに変化するため，タンパク質のアミノ酸配列自身に変化が発生し，タンパク質が今までの機能を果たせない可能性が出てきます．変異の中でも特に終止コドンに変化する場合は，その場所で翻訳が停止してしまうため，翻訳後のタンパク質に大きな変化が起こる可能性があります．アミノ酸変異を伴わない置換を**同義置換** (**synonimous substitution**) と呼び，アミノ酸変異を伴う置換を**非同義置換** (**non-synonimous substitution**) と呼びます．

タンパク質に翻訳される翻訳領域の DNA 以外にも変異は存在します．翻訳領域は，ヒトのゲノム全体の 1.5%程であり，多くの変異は，翻訳領域以外（非コード領域）に存在しています．非コード領域に存在する変異であっても，疾患との関連が知られている場合もあります．特に遺伝子領域周辺にある**転写制御領域 (regulatory region)**（1.4 節）に存在する変異は，遺伝子の転写量を変化させる可能性があるため，疾患との関連の調査が期待されます．このような遺伝子領域以外の情報を収集するため，2003 年のヒトゲノム配列解読完了後には，遺伝子だけでなく，その周辺の情報を含めて大規模に調査するプロジェクトが行われています．その例として，2012 年まで行われた ENCODE プロジェクトや，2015 年に成果が公表された Roadmap エピゲノムプロジェクト，日本でも FANTOM プロジェクトなどが挙げられます．解析にはクラスタリングや主成分分析をはじめ，様々な機械学習手法が利用されました．

また，遺伝子領域以外の情報も収集し活用する方法の 1 つとして，様々な病院や研究機関で実施されてきた実験に，**全ゲノム関連解析 (genome-wide association study; GWAS)** が挙げられます．GWAS は，はじめに対象の疾病を発症した人（ケース）と健常者（コントロール）を数百人から数千人規模で集め，各個人から全ゲノム（染色体全体）にわたった変異を観測します．そのうえで，変異の有無と発症との間に統計的に有意な差が見られるかを調査する手法です（2.1 節参照）．解析対象を翻訳領域に絞っていないため，転写調節領域を含めて，今まで着目されていなかった領域の変異と発症との関連を調べることが可能です．一方で，一般に被験者数の方が観測されている SNP 数よりも少ないため，被験者を多数集めない限り，各 SNP と発症との対応を測るための検定力が足りなくなります．また，観測される SNP 位置も数十万から数百万と大規模になるため，データ自身が大規模になることや，SNP 数の増加に伴って偽陽性が多数発生する可能性が高いことなど，実際の実施と解析にはハードルが高いことが問題点として挙げられられます．しかし，2013 年時点で GWAS を用いた疾病探索の論文は 1,960 報にのぼり（GWAS Catalog `https://www.ebi.ac.uk/gwas/docs/about` による），世界各地で行われる実験の 1 つとなっています．

ゲノム解析が対象とする疾患の中には，糖尿病やアルツハイマー型認知症のように患者数が多いものもあれば，希少疾患と呼ばれる，患者数が必ずしも多くないものも挙げられます．特に後者の問題に対して，GWAS を実施した場合には検定力の低さが問題になりますが，生命科学的に妥当な仮説を入れることで解決する手法が用いられています．特に家系情報は，SNP からの疾患予測には強力です．たとえば，父，母，子 2 人の 4 人家族において，子の片方にのみ先天的な疾患が見られたとします．このような疾患と同一の疾患を持つ家系を複数集め，父，母，疾患の見られない子の間にはなく，疾患が見られた子どもに共通して存在しているような変異を見つけられれば，その SNP が疾患に関連している可能性は高くなります．最終的に，生物・医学的な見地からの検証は必要ではありますが，事前知識を利用したデータ解析の一例と考えられます．

1.3　遺伝子の発現

1.1 節で，セントラルドグマとして，ゲノム中の遺伝子領域が mRNA に転写され，さらに mRNA が翻訳されてタンパク質になる情報の流れを紹介しました．すべての細胞が同じゲノム配列を有している一方で，様々な組織が形成できたり，私たちの各細胞が状況に応じ，異なる役割を果たすことができる背景として，転写される遺伝子の種類や量が，細胞ごとに異なっていることが挙げられます．

各細胞の中ではすべての遺伝子が常に転写されているわけではなく，細胞内で転写される遺伝子は状況によって異なります．転写され mRNA を生成することを遺伝子が**発現する** (**express**) といいます．また，転写された量のことを**発現量** (**expression level**) といいます．**図 1.6** に模式図を示します．1 人から 2 つの細胞を得た場合，ゲノムの配列も遺伝子の配列も同一です．しかし，細胞 1 では遺伝子 1 のみが転写されているのに対し，細胞 2 では両方の遺伝子とも転写されています．さらに定量的に考えると，細胞 2 では，遺伝子 1 が 1 回，遺伝子 2 が 4 回転写されており，遺伝子 2 の働きが強いことが考えられます．転写された mRNA の多くは，タンパク質へと翻訳されるため，mRNA の量が細胞内のタンパク質の増減を表していると考えられます．この増減を知るために，mRNA を観測する実験が数多く行われてきました．

遺伝子網羅的な遺伝子発現量の観測が可能となったのは，1990 年代後半

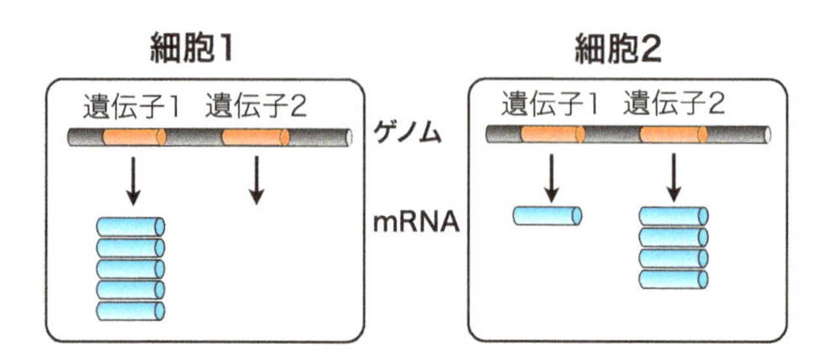

図 1.6　遺伝子の発現と細胞ごとの発現量の違いに関する模式図．ゲノム配列やその中の遺伝子の配列は各細胞で同一であっても，どの遺伝子がどれだけ発現するかは異なります．

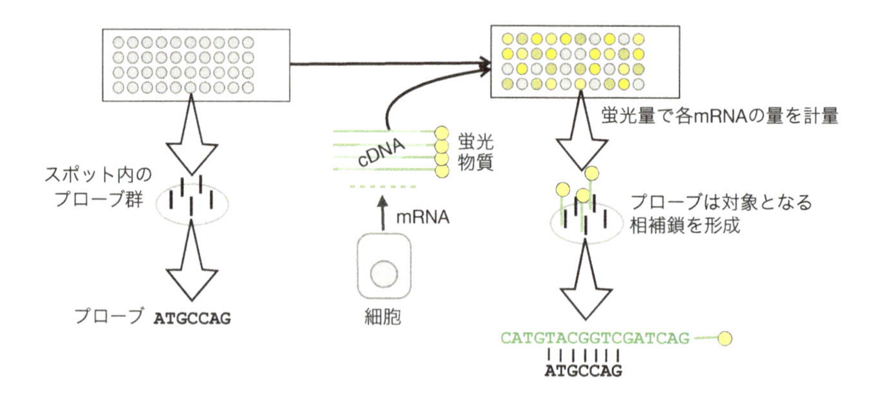

図 1.7　マイクロアレイの模式図．

の**マイクロアレイ (microarray)**（図 **1.7**）の登場と商業化です．マイクロアレイでは，基板上に各遺伝子に対応した**プローブ (probe)** と呼ばれる短い DNA 断片を準備します．DNA は本来相補鎖と対になって安定しますが（p.4，図 1.3 参照），相補鎖のない 1 重鎖の状態で基板上に用意します．これにより近くに相補鎖が組める DNA 断片が来たときに，対を組むようになります．この性質を利用して，転写された遺伝子の有無，および，その量を計量します．まず，短い DNA 断片を，特定の遺伝子とのみ相補鎖が形成できるような断片として用意します．そのうえで，基板上に観測したい細胞から抽出した mRNA*1 に蛍光色素をつけたものを散布した後，洗い流

---

*1　実際には mRNA を逆転写した DNA(cDNA)

すと，対ができた場合には蛍光が観測でき，対ができない場合には光りません．この蛍光を観測することで，プローブに対応する遺伝子は，その細胞内で発現し（存在し），逆に，対のできなかったプローブに対応する遺伝子は，その細胞内で発現していない可能性が高いことがわかります．実際のマイクロアレイは，基板上に数千から数万ほどのプローブを用意して，蛍光の強弱によって，発現量を定量的に観測できるようにした機材です．これにより，細胞内に存在する各遺伝子の発現量を網羅的に観測することが可能となりました．実際にマイクロアレイで観測した遺伝子発現量を基に，特徴選択法を利用することで急性白血病に見られる 2 つのタイプ（急性骨髄性白血病と急性リンパ性白血病）に特異的に関係する遺伝子を抽出する研究が行われ，実用性の高い手法であることが示されました．その後，様々な環境下での遺伝子発現量が観測され，実験データは Gene Expression Omnibus (GEO) `http://www.ncbi.nlm.nih.gov/geo/` などに蓄積されています．また，ヒト，マウス，ラットにおける代表的な発現情報に関しての実験データは，RefEx `http://refex.dbcls.jp/`に整理されています．マイクロアレイは 1 回の実験で 2 万個以上の遺伝子の発現量が観測できる大規模なデータを生成する実験であり，これらのデータについてクラスタリングやクラス分類手法などの機械学習手法を用いた解析が行われています．

マイクロアレイは，2010 年代に入り，DNA 配列を読み取る機械である **DNA シークエンサー (sequencer)** を利用した RNA-seq（ハイフンを入れずに RNAseq と記載することもある）へと置き換わりつつあります．2000 年代前半まで，シークエンサーによる配列読み取りには費用も時間もかかったため，前述のマイクロアレイが利用されていました．しかし，配列読み取りコストが下がり，読み取りの並列化によって，実験の高速化が行われ，**超並列 DNA シークエンサー（次世代シークエンサー）**が利用できるようになると，シークエンサーを利用した RNA-seq が利用されるようになってきています（図 **1.8**）．RNA-seq では，mRNA を抽出して 1 度 cDNA に逆転写した後，その配列をシークエンサーで読める長さ*2に断片化したうえで，それらを読み取ります．この配列を，既知のゲノム配列に対して検索をすることで，読んだ配列がゲノム上のどの領域，さらには，どの遺伝子由来のも

*2 多くのシークエンサーは数百塩基までの長さしか読むことができず，数千塩基ある遺伝子配列全体を読むことは，現状では困難です．

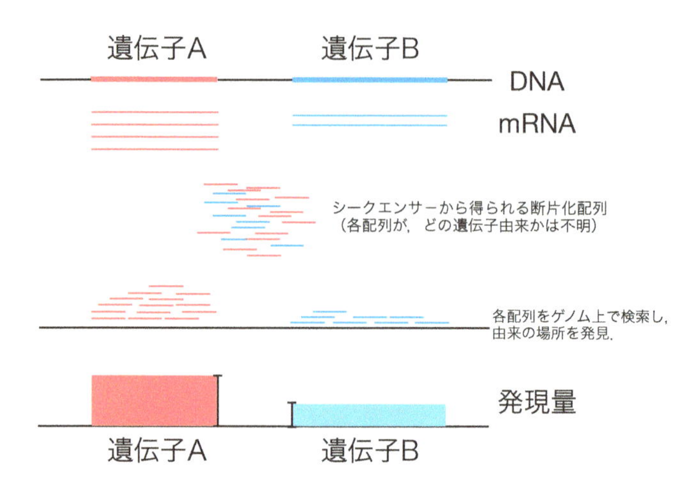

図 1.8 RNA-seq 法の模式図．

のであったかを知ることが可能です．配列が観測された遺伝子は発現しており，観測されなかった遺伝子は発現していない可能性が高くなります．

また，各遺伝子に対応した配列断片の数を計測することで，各遺伝子がどれだけ発現しているかを，定量的に観測することが可能です．この定量の過程は，赤球・青球の入った箱から，ランダムに球を抜き出すような過程に対応します．遺伝子の数は，ヒトの場合 2 万 5,000 程度であり，また，各細胞には 100 万本程度の mRNA が同時に存在できると考えられています．よって，2 万 5,000 色からなる 100 万個の玉が入った箱の中の，各色の比率を求める問題が生じます．読む配列数，つまり観測数が少ないと，網羅性も定量性も低いものとなりますが，配列を多く読めば読むほど，定量性が増すことが期待できます．次世代シークエンサーで十分な配列数を読むことが可能になり，定量的かつ複数のサンプルにわたる解析ができるようになりました．また，前述の例の通り，ランダムサンプリングによる遺伝子選択としてのモデル化を考えることが可能なため，統計的な枠組みを作成して，たとえば薬剤投与前後において発現量が統計的に有意に変化した遺伝子を抽出することが可能となっています．

1.4 遺伝子発現量の制御

前節では，細胞ごとに発現する遺伝子が異なることを紹介しました．その差異を生むためには，発現を制御する機構が存在し，遺伝子の発現を促すための「スイッチ」が押される必要があります．**転写因子 (transcription factor)** と呼ばれるタンパク質が，直接的，あるいは，間接的にそのスイッチを押す役割を担っています．スイッチは遺伝子の転写が開始される転写開始点周辺に存在する特殊な配列であり，各転写因子は対応する固有のスイッチの配列に結合することで，その周辺に存在する遺伝子の転写を促します．その配列は**シスエレメント (*cis*-element)**（あるいは，複数の遺伝子に共通して頻出する配列という意味で，**モチーフ配列 (motif sequence)**）と呼ばれます．シスエレメントに結合した転写因子は，転写開始に必要なタンパク質群が働きやすいように，周辺の状況を整えます．転写因子もタンパク質であり，遺伝子を転写，翻訳して作成されるものです．ヒトでは転写に関連する遺伝子として，1,000 種類以上が知られています．転写一般に関わるよく知られた転写因子として，TATA 結合タンパク質 (TATA binding protein) があり，DNA 上の `TATAT` というシスエレメントに結合することで，転写開始を促します．ほかにも，特定の環境下で働くものもあり，たとえば，脳特異的に働くことで知られる転写因子 NRR1 は，脳のドーパミン機能に関連する転写因子として知られています．また，この遺伝子に変異が入ることで，関連する遺伝子の発現調整に支障をきたし，パーキンソン病や統合失調症が引き起こされることも知られています．このように，転写因子によって遺伝子発現が制御されることで，各細胞の活動が実現されています．

図 1.9 に，遺伝子，DNA，シスエレメントの関係を模式的に示しました．図 1.9 の上の遺伝子に着目すると，紫と赤のシスエレメントを持ち，これらに対応する転写因子が遺伝子の上流に結合できることを示しています．遺伝子によって種類や個数が異なり，2 番目の遺伝子は橙と赤のシスエレメントを持ちます．赤のシスエレメントは 2 つの遺伝子共通で関連していますが，遺伝子領域からの距離（離れ具合）が異なります．転写開始には，遺伝子領域からシスエレメントまでの距離やシスエレメントの DNA 上での順番など

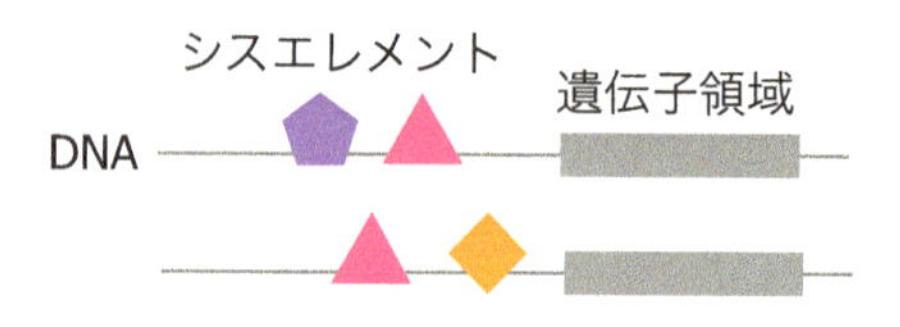

図 1.9 シスエレメントと遺伝子の関係の模式図.

が重要な場合もあります.

転写因子が機能する重要な生命科学的発見として，2012 年にノーベル生理学・医学賞を受賞した山中伸弥教授らが発見をした iPS 化を促す因子が挙げれられます．俗に山中ファクターと呼ばれる 4 つの転写因子 (Oct3/4, Sox2, Klf4, c-Myc) が相乗的に働き，iPS 化を誘導します．このようなドラスティックな変化は極端な例ですが，転写因子は，細胞状態の様々な制御に関わっています.

先に挙げた ENCODE プロジェクトは，このシスエレメントの働きを大規模に観測するプロジェクトでした．このプロジェクトの一環として，87 個の転写因子に対して実際に結合している部位を 72 個の細胞種にわたって観測されました．この結果，遺伝子領域以外でも今まで着目されてこなかった様々な領域が，遺伝子の発現に関連しているなど，生体機能に重要な役割を果たしていることがわかりました．実際，遺伝子の個数は頻繁に実験に利用される生物（モデル生物という）の線虫で約 2 万個，ショウジョウバエ（キイロショウジョウバエ）で約 1 万 4,700 個，ナズナ（シロイヌナズナ）で約 2 万 6,500 個であり，ヒトの 2 万 5,000 個程度と大差はありません．また，ゲノムの長さで考えた場合，ヒトに比べてマウスは 1 割弱ゲノムの長さが長く，ユリでもヒトの 30 倍近い長さのゲノムを持つ種があったり，アメーバでもヒトの 100 倍くらいの長さであったりします．この観測からわかる遺伝子の数が多ければ機能が多い，あるいは，ゲノムの長さが長ければ高等であるという傾向は観測されないという知見は，ゲノム解読によって明らかになっていたため，遺伝子領域以外の多くの部分の機能に関心が集まっていました．ENCODE の成果によって，それまで「ジャンク (junk)」DNA と呼ばれ，意味のないものと考えられる傾向も強かった遺伝子以外の領域にも意味があり，特に遺伝子発現の制御には大きな役割を果たしていることが明らかになっています．

転写因子は転写の開始に非常に重要ですが，転写因子が DNA に結合するためには，DNA がほどける必要があります．DNA は通常**ヒストン (histon)** と呼ばれるタンパク質の複合体に絡みつき，糸が糸巻きに巻かれる要領で，コンパクトに収納されています．この状態では，転写因子が DNA に結合する隙間はなく，ヒストンから DNA をほどかないと，転写因子は DNA に結合できません．また，転写因子が DNA に結合するには**メチル化（methylation）**状態も重要です．メチル化された領域は転写因子が結合できないため，転写が始まりません．メチル化領域の解析は，今，猛スピードで進んでいます．

1.5 ノンコーディング RNA

RNA は必ずしもすべて翻訳されてタンパク質になるわけではありません．先に紹介した通り，タンパク質に翻訳される RNA は mRNA と呼ばれます．一方，タンパク質に翻訳されない RNA は，**ノンコーディング RNA(non-cording RNA; ncRNA)** と呼ばれ，役割や形状から複数に分類されます．有名なものとして，翻訳時に働く**転移 RNA(transfer RNA; tRNA)** や翻訳反応を司るリボソームの主要構成要素である**リボソーム RNA(ribosomal RNA; rRNA)** があります．さらに，翻訳が行われる前に mRNA を破壊し，タンパク質形成を阻害する RNA として，1998 年に発見され，2006 年ノーベル生理学・医学賞の対象となった **RNAi** が挙げられます．RNAi は，21 塩基から成る短い RNA 断片ですが，相補配列を持つ RNA と対を作り，対象の RNA を切断します．切断することで，タンパク質への翻訳が阻害され，結果として，その遺伝子は働かなくなります．

RNAi の発見を皮切りに，DNA/RNA 配列の機能の多様性が改めて注目を浴びています．特に ncRNA は，翻訳されないことから，観測されても，生体内では機能しない可能性が高いとして，着目されてこなかったため，改めて調査が進められています．多くの ncRNA は，タンパク質への翻訳は行われない代わりに，自身で 2 次構造（配列と配列が相補対を形成したときの構造）（**図 1.10**）をとって安定化し，独特の形状を保持することで機能を発揮します．遺伝子の機能を調べる際には，その発現量を人為的に増やしたり，

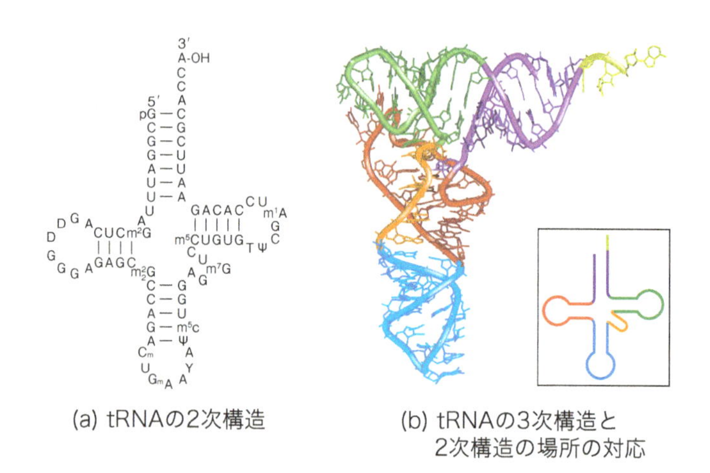

(a) tRNAの2次構造

(b) tRNAの3次構造と2次構造の場所の対応

図 1.10 転移 RNA(tRNA) の 2 次構造と 3 次構造.

発現を抑止したりすることで起こる生体内の変化が調べられてきましたが，ncRNA は一般に短く，どの領域が ncRNA として働くかの推定が難しいため，人為的な改変が必ずしも容易ではありません．また，複数の ncRNA が協調することで，生体機能を発揮する場面が多いため，機能解析が容易ではありません．このような状況において，RNA の 2 次構造を計算機を利用して推定することは，観測された RNA が ncRNA として機能する可能性があること，そして，過去に発見された ncRNA との構造類似性から機能が推定できることにより，非常に重要な課題となっています（第 3 章を参照）.

また，多くの ncRNA の機能が未知である一方で，ncRNA が非常に着目されている要因として，ncRNA を用いた創薬の可能性があります．現在化合物で行っている生体機能制御について，ncRNA で代替できる可能性が探られています．化合物は生体外から投薬しないといけないのに対し，ncRNA は細胞内にウイルスなどで運ぶことができること，そして，組織特異的な転写因子と組み合わせることで，特定の組織のみに作用する ncRNA の作成ができる可能性があることなどから，新しい薬剤となる可能性があります.

1.6　タンパク質

細胞内で，最も多い成分は水であり，約 70%を占めますが，次に多いのがタンパク質であり，約 18%を占めます．つまり，細胞が活動をするための主要な構成要素はタンパク質です．実際，細胞膜，細胞外からの情報を受け取るレセプター，細胞内外のイオン透過を制御するチャネル，先に挙げた転写因子など，細胞が活動をする際に関連するもののほとんどに，タンパク質が関わっています．それゆえに，生体の本質を理解し，かつ，制御しようとする場合，タンパク質が標的になります．

その一方で，前節まで RNA を中心に述べていた理由として，観測上の容易さがあります．RNA は大規模に，網羅的に，そして比較的安価に観測することができますが，近年，検出技術の進展が目覚ましいとはいえ，現在においてもタンパク質を網羅的に観測することや，定量的に観測することは必ずしも容易ではありません．タンパク質は，一般に構造や電荷分布が類似していれば，類似の機能を果たすため，配列がわからないとしても，構造を調べる研究が行われます．タンパク質の機能を調べる代表的な方法として，2 次あるいは 3 次構造からの機能の類推があります．2 次構造とは，タンパク質内の一連のアミノ酸配列に頻出する特徴的な構造であり，代表的なものとして α ヘリックスや β シートがあります．α ヘリックスは，アミノ酸のつながりが，くるくる巻いた髪のような構造になっている配列です．この構造は細胞膜を貫通するのに役立つことが知られれています．たとえば，7 個の α ヘリックスを持つ，7 回膜貫通型タンパク質があり，この構造を持ったタンパク質は，細胞内外の情報伝達に寄与することが知られています．3 次構造（立体構造）は，実際にタンパク質が 3 次元上でとる構造のことを示しており，X 線結晶解析や NMR を利用して観測されています．部分的であってもすでに性質のわかっているものと類似の構造を示すということは，類似の機能を果たすことが期待されるので，構造の調査が行われます．しかし，X 線結晶解析ではタンパク質の結晶化を行う必要があり，結晶化の難しいタンパク質は観測が困難です．また，結晶化をすることで 1 つの構造に規定されてしまうため，状況に応じて形が変わるタンパク質については，すべての構造を得ることが容易ではなかったり，実際に得られた構造が，体内で得られる構造とは異なったりする可能性も否めません．このように実験的な制約もあり，タンパク質の観測は容易ではないため，RNA に比べ網羅的なタンパク質の観測が遅れています．

実験的な観測の代わりに，計算機による立体構造予測が期待されています．タンパク質の立体構造がわかることで，そのタンパク質の作用機序がわかり，疾病因子の発見や創薬に結びつきます．今までの創薬では，可能性のある薬剤を，実際に細胞に投与して反応を見るという，場当たり的な探索が行われることも少なくありませんでした．しかし，計算機による構造予測ができることで，どのタンパク質の，どの部位に，どのように作用させたいかを定め，そのうえで化合物を設計，そして，創薬へと結びつけることが可能になっています．この手法を用いて作成した薬は**分子標的薬 (molecular-target drug)** と呼ばれています．

1.7 パスウエイ

セントラルドグマは，遺伝的な情報である DNA がタンパク質になるまでの流れでしたが，タンパク質や化合物間の情報の流れは，**パスウエイ (pathway)** と呼ばれる有向グラフで表されます（**図 1.11**）．パスウエイは，生体内における状態のやりとりを図示したものであり，化合物の酵素反応，タンパク質のリン酸化反応など，細胞内で状態を保持したり，変化させたりするために必要な，様々な状態のやりとりを含む，細胞内における地図です．

パスウエイを調査することで，各遺伝子がどのような働きに寄与しているかを知ることができます．たとえば，TCA サイクル（クエン酸回路）と呼ばれるパスウエイは，酸素呼吸をする生物全般に見られる重要なパスウェイですが，複数の化学反応がつながって，円環状の構造をしています．**図 1.11** はその一部を示しています．この流れが止まると細胞は効率よくエネルギーを生産できなくなり，死に至ります．さらに，TCA サイクルに流入する線を追うことで，TCA サイクルを動かすために必要な，エネルギー供給の道筋などもわかります．パスウエイにより，生体内における，タンパク質，化合物，電荷などのやりとりを知り，変異などによる生体内の変化の推定も行うことができます．

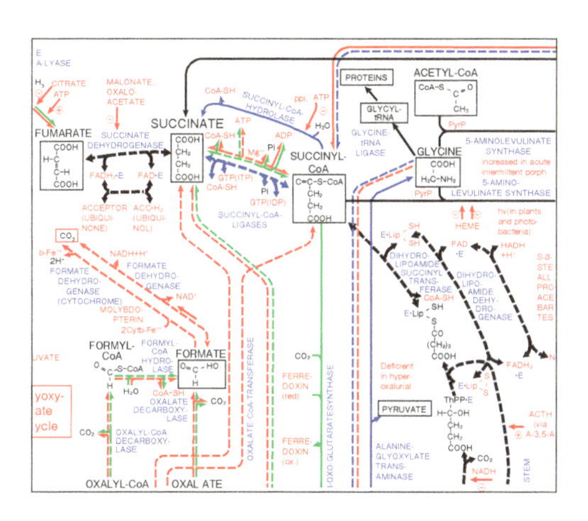

図 1.11 TCA サイクルの一部のパスウエイ (ExPASy Biochemical Pathway Maps(`http://web.expasy.org/pathways/`) より).

このような図は ExPASy をはじめ，Kyoto Encyclopedia Genes and Genomes(KEGG) や Reactome.org などのデータベースにまとめられています．いずれも様々な論文の結果をまとめることで手動で作成されています．現状でも十分大きな図とはなっていますが，日々新しい化学反応が発見され，すべてを網羅しているとはいい切れません．新たなパスウエイの存在や，パスウエイ中のグラフを精密化できる予測手法が求められています．

さらに，現状のパスウエイの図の欠点は，その回路がいつ働いているかがわからないことです．図に描かれているすべてのパスウエイが常に働いている訳ではありません．道路でも，朝混む道と夕方混む道が違ったり，平日と行楽シーズンに混む道がまた異なったりするように，細胞内パスウエイでも，時と場合によって，そして，組織によって使われる場所が異なります．現状のパスウエイには限られた情報しか掲載されていないことは新薬の副作用にもつながるため，各パスウエイが，いつ，どのように利用されるかを予測することも重要です．

1.8 生命科学という分野の特徴

数式は 1 度正しいと証明されたら，決して覆りませんが，生命科学の知識は，基本的な情報の上に，様々な例外が発見されることで成立しています．たとえば，冒頭で紹介したセントラルドグマは，多くの生物では正しいですが，一部のウイルスは，DNA を持たず，情報の流れが RNA からスタートすることも知られています．また，遺伝子発現量の観測や，RNA 配列の解読において，人為的に起こしている RNA から DNA への逆転写は，セントラルドグマには反していますが，細胞内でも起こることがある現象です．このように，本章で紹介した事項は，今まで知られている基本的な事項ではありますが，数多くの例外も存在しています．

近年の技術の進展により，生命科学の常識は大きく書き換わることがあります．1 つの例は，ノーベル生理学・医学賞を受賞した山中伸弥教授らが発見した細胞の iPS 化です．ヒトの細胞は 1 度分化したらもとに戻らないと考えられていましたが，実は分化前に戻すことができるという発見でした．先に紹介した RNAi も，短く，翻訳されない RNA は，何の作用も起こさないだろうと無視されてきたのに，それが遺伝子の発現を止める制御をしているという大きな発見でした．それだけにとどまらず，RNAi は線虫で発見されたものにもかかわらず，ヒトでも作用したため，インパクトの強いものでした．人為的に作成した RNAi を利用することで，遺伝子の発現を止める様々な実験が行われてきました．ところが，この実験も CRISPR/Cas9 という実験手法の利用へと急速に置き換わりつつあります．CRISPR/Cas9 は，ゲノム配列の改変を可能とするもので，ゲノム上の様々な場所に変異を入れることができます．RNAi は比較的ゆるやかに RNA を分解するものでしたが，CRISPR/Cas9 は，DNA 自身を改変し，転写自身が行われないようにゲノム配列を改変できるので，より強力な作用が期待できます．

生命科学は，原理的には，ゲノムをデザインし，作成することが可能な時代に入ってきており，今後も今までの常識を覆す大発見があっても不思議ではありません．このように，生命科学は知識自身が「なまもの」であり，生きているため，アンテナを張り，興味を持ってその知識を最新情報にアップデートすることが必要です．

Chapter 2

多重検定と無限次数多重検定法

技術の進歩により，大規模なデータ収集が頻繁に行われるようになりました．生命情報処理でもデータの増大は顕著です．そして，これらのデータを解析する際には，大量の検定が発生します．代表的な例としては，全ゲノムにわたって塩基の変異を観測する全ゲノム関連解析 (GWAS) があり，数十万から数百万，場合によっては 1,000 万を超える特徴量を観測し，各特徴量に対して疾病発症との関連の有無を調べる検定を行います．また，遺伝子網羅的な観測も行われており，2 万以上の遺伝子それぞれに対して検定が発生します．このように生命情報の解析では多数の検定が行われることになりますが，複数の検定を同時に行うと，検定数の増加に伴って偽陽性が急激に増大する多重検定の問題が知られています．本章では，GWAS を例として，多重検定問題の導入からはじめ，偽陽性の基準として用いられている指標である Family-wise error rate (FWER) や False discovery rate (FDR) を紹介します．そして，それぞれの基準で，偽陽性を抑える多重検定補正手法を導入します．そのうえで，広く利用されている手法には，複数の変異間が相乗効果を起こすような場合を調査すると，有意な結果が 1 つも現れないという限界があることを示します．この問題を解決し，相乗効果を考えた場合でも有意な結果の存在を確認できる無限次数多重検定法を紹介します．

2.1　仮説検定

実験技術の進歩により，生命の情報に関する大規模な観測が可能となっています．特に，1990 年代後半からのマイクロアレイ，2000 年代後半からの**超並列 DNA シークエンサー**（次世代シークエンサー; **next-generation sequencer; NGS**）による観測は，大量の情報を観測可能にしています．しかし，一般的な大規模データと生命情報のデータは性質が異なっています．特に，一般的な大規模データでは，画像の枚数，文章の数，顧客数など観測数の増大が顕著ですが，生命情報データにおいては，観測数の増加以上に項目数の増加が顕著です．たとえば病院を考えると，患者数はそれほど増えませんが，機器の進歩により検査項目は増加しています．つまり，説明変数（特徴量，次元）の数がサンプル数より非常に大きくなる傾向があります．

顕著な例として，本章の例では全ゲノムにわたる **1 塩基多型** (**single nucleotide polymorphism; SNP**) の解析である**全ゲノム関連解析** (**genome-wide association study; GWAS**) を取り上げます．GWAS では各被験者に対し数十万から 1,000 万近い SNP 位置における変異（塩基の変化）を観測し，どの変異が疾患に関連しているかを調査するため，SNP 数と同数の**仮説検定** (**hypothesis testing**) が行われます．このデータにおいて，被験者は観測（**サンプル; sample**），変異は**説明変数** (**explanatory variable**)，発症の有無は**目的変数** (**objective variable**) に対応し，GWAS では目的変数に統計的に有意に関連している説明変数をすべて求めます．

本節ではまず仮説検定の導入を行い 2.2 節で複数の検定を行った場合の問題点と解決策を紹介します．

2.1.1　仮説検定と分割表

仮説検定では，説明変数と目的変数との関連の有無を調査します．ここでは，ある説明変数が目的変数と関連しているか否かを検証することを考えるため，**帰無仮説** (**null hypothesis**) を「説明変数と目的変数の間は独立である」とし，**対立仮説** (**alternative hypothesis**)「説明変数と目的変数の間は独立ではない」を検証します．このとき，2.1.2 から 2.1.5 項で紹介する

表 2.1 分割表 (contingency table).

		変異		
		あり	なし	合計
疾患の発症	あり	n_{11}	n_{12}	$n_{1\cdot}$
	なし	n_{21}	n_{22}	$n_{2\cdot}$
	合計	$n_{\cdot 1}$	$n_{\cdot 2}$	N

ような検定手法で，帰無仮説が真である確率であるP値を計算し，P値が**有意水準 (significance level)** α 以下の場合に，帰無仮説は**棄却 (reject)** され，説明変数と目的変数の間に何らかの関連が示唆されます．このとき説明変数と目的変数の間に**統計的有意差 (statistical significance)** があるといいます．仮説検定は，検定あるいは統計的仮説検定とも呼ばれます．

α の値は任意ですが，0.05か0.01が用いられることが多いです．$\alpha = 0.05$ とは，データが帰無仮説に従う分布から，与えられた観測と同様のサンプルを取得した場合，それ以上偏った値は5%以下の確率でしか現れないことを示しています．また $\alpha = 0.01$ とは，それ以上偏った値は1%以下であることを示し，0.05の場合に比べ，より偶然このような差が起こることはないと考えられます．$\alpha = 0.001$ とした場合は，それ以上の偏りが要求されます．

観測結果を表すために，**分割表 (contingency table)** を導入します．ここでは，変異の有無と特定の疾患を発症しているか否かの関連を調査する例を用いて導入を進めます．変異は，DNA上に見られる塩基単位の置換です．たとえば，基準のDNA配列が「GATC」のとき，被験者のDNA配列が「GACC」であるとすると，3塩基目のTがCになる変異がある，あるいは，3塩基目に変異があるといいます．DNAの配列は個々に異なるものであり，標準は定義できません．遺伝学などでは，被験者のうち，最も数が多い塩基を**メジャーアレル (major allele)**，それ以外を**マイナーアレル (minor allele)** と呼び，メジャーアレルを持つ被験者などといいますが，本書では簡単のため，変異が「ある」「ない」として記載をします．また，父親由来の変異，母親由来の変異を分けることも必要ですが，ここでは簡単のため，区別せずに，変異の有無として扱います．

変異 d の有無が，疾患の発症の有無と独立か否かを考えましょう．N 人の被験者から変異 d の有無と発症の情報を得ます．まず，被験者を d に変異がある群と，ない群に分けます．また，発症の状態に関しても，発症あり，なしの2群に分けます．このとき，変異と発症の関係は，**表 2.1** に示す分割表として表されます．n_{11} は変異があり，かつ発症している被験者の人数，n_{22} は変異も発症もない被験者の人数を表します．ここで $n_{i\cdot} = n_{i1} + n_{i2}$，$n_{\cdot i} = n_{1i} + n_{2i}$ です．

変異の有無と発症が独立かどうかを判定するために，変異あり群と変異なし群の間で検定を行いましょう．仮説検定では，検定前にあらかじめ有意水準 α を定め，計算された P 値が α 以下であれば，「変異の有無と発症は独立である」という帰無仮説は棄却され，変異の有無と発症の間に統計的有意差が認められます．このとき，変異と発症の間には何らかの関連があると考えられます．逆に α より大きければ，帰無仮説は棄却されず，「変異の有無と発症は独立である」という仮説を棄却できるほどの有意な差は認められないと判断できます．

このとき P 値は，観測結果が帰無仮説から得られたものだと考えた場合に，どのくらいの確率で，観測結果以上の偏りが起き得るのかを表す値となります．変異の例では，P 値が 0.1 であるとは，変異と発症が独立だと仮定して，同様の観測を行ったら，得られた観測結果以上の偏りは 10 回中 1 回以下の確率で起こるということを示しています．

有意水準 α を 0.05 として検定を行うとは，互いに独立な変異を 100 個調べたときに 5 個以下しか起こらないようなまれな現象が起きた場合，変異の有無と発症に関係があると考えることになります．

2.1.2 フィッシャーの正確確率検定

表 2.1 で表される分割表で，具体的な検定を考えましょう．検定には，**片側検定 (one-sided test)** と**両側検定 (two-sided test)** があります．変異の例では，片側検定は「変異がある被験者は発症している」あるいは「変異がある被験者は発症しない」という正の相関と負の相関のどちらか一方の状況のみを考えます．両側検定では「変異がある被験者は発症する，もしくは，発症しない」と正の相関と負の相関の両方の状況を考えます．ここでは，説明を簡単にするために，特に記述のない場合は，片側検定を考えます．

分割表に対する検定として，一般に**フィッシャーの正確確率検定 (Fisher's exact test)** や**カイ 2 乗検定 (chi-squared test)** が用いられるので，これらを導入します．また，分割表で表すことのできない，数値や順位情報に対して用いられる検定として，**Mann-Whitney** U **検定** (**Mann-Whitney** U **test**)（もしくは，Wilcoxon の順位和検定），より複雑な状況に対応するため**モンテカルロ検定** (**Monte Carlo test**) を導入します．

正確確率検定 (**exact test**) は，場合の数をすべて列挙することで検定を行う方法を指し，その中でもフィッシャーの正確確率検定は，分割表に対して正確確率検定を行う手法です．フィッシャーの正確確率検定では，分割表が与えられたとき，**周辺分布** (**marginal distribution**) を固定した状態で，より偏りのある分布が現れる確率を考えます．表 2.1 において，周辺分布は表の最右列および最下行の N, $n_{1\cdot}$, $n_{2\cdot}$, $n_{\cdot1}$, $n_{\cdot2}$ で表される変数です．これら周辺分布が固定した状況下では，n_{11}, n_{12}, n_{21}, n_{22} のうち，1 つの値が決まると，残りすべての値が決まるため，この分割表の自由度は 1 となります．たとえば，$x = n_{11}$ とすると，$n_{12} = n_{1\cdot} - x$, $n_{21} = n_{\cdot1} - x$, $n_{22} = N - n_{\cdot1} - n_{1\cdot} + x$ となります．つまり表 2.1 の状況が現れる確率は x のみで決まるので，これを $\Pr(X = x)$ と表しましょう．

$\Pr(X = x)$ を求めます．いったん変異の有無の例を離れて，確率の導入で現れる，箱の中から青球，赤球を取り出す例を考えます．この分割表は，$n_{1\cdot}$ 個の赤，$n_{2\cdot} = N - n_{1\cdot}$ 個の青の合計 N 個の球が入った袋から，$n_{\cdot1}$ 個の球を取り出したときに，n_{11} 個が赤，n_{21} 個が青球だった状態と考えます．場合の数を考えると，N 個から $n_{\cdot1}$ 個を取り出す組合せは $\binom{N}{n_{\cdot1}}$ 通りあります．また，赤球 $n_{1\cdot}$ 個のうち，n_{11} 個を取り出す組合せは $\binom{n_{1\cdot}}{n_{11}}$ 通りあります．青球 $n_{2\cdot}$ 個の内，n_{21} 個取り出す組合せは $\binom{n_{2\cdot}}{n_{21}}$ 通りあります．よって，この分割表の状態が現れる確率は

$$\frac{\begin{pmatrix} n_{1\cdot} \\ n_{11} \end{pmatrix}\begin{pmatrix} n_{2\cdot} \\ n_{21} \end{pmatrix}}{\begin{pmatrix} N \\ n_{\cdot1} \end{pmatrix}}$$

となります．$x = n_{11}$ として，x と周辺分布の値を用いて書き直すと，

$$\Pr(X = x) = \frac{\begin{pmatrix} n_{1\cdot} \\ x \end{pmatrix} \begin{pmatrix} N - n_{1\cdot} \\ n_{\cdot 1} - x \end{pmatrix}}{\begin{pmatrix} N \\ n_{\cdot 1} \end{pmatrix}}$$

となります．変異の例に話を戻すと，赤球と青球はそれぞれ発症のありなしの被験者数，取り出した球の数は変異がある被験者数に相当し，取り出した球が赤は，変異があり，かつ発症している被験者に，取り出した球が青は，変異はあるが，発症してはいない被験者に相当しています．

周辺分布が固定されているとき，x のみ決まれば残りの変数も決まること，また，x がとり得る値の最大値は，分割表の中の数字が非負であることから，$\min\{n_{1\cdot}, n_{\cdot 1}\}$ なので，フィッシャーの正確確率検定は以下で定義されます．

定義 2.1（フィッシャーの正確確率検定）

フィッシャーの正確確率検定の P 値は，表 2.1 で表される分割表が与えられたとき，

$$\Pr(X \geq x) = \sum_{i=x}^{\min\{n_{1\cdot}, n_{\cdot 1}\}} \frac{\begin{pmatrix} n_{1\cdot} \\ i \end{pmatrix} \begin{pmatrix} N - n_{1\cdot} \\ n_{\cdot 1} - i \end{pmatrix}}{\begin{pmatrix} N \\ n_{\cdot 1} \end{pmatrix}} \tag{2.1}$$

で表されます．P 値が α 以下の場合，帰無仮説「変異と発症の有無は独立である」が棄却されます．

周辺分布を固定した条件下ではありますが，全事象の場合の数を数え上げた結果から確率が計算されており，近似を行わないことから，正確確率検定と呼ばれます．近似を用いる手法より正確な確率を求められる一方で，多くの乗除を必要とするため，計算に時間を要するという問題点があります．

2.1.3　カイ 2 乗検定

カイ 2 乗検定は，フィッシャーの正確確率検定と同様に分割表で表された

状況を検定する方法です．検定統計量がカイ2乗分布に従うことを利用して検定するため，フィッシャーの正確確率検定と比較して，高速にP値を得ることができます．

周辺分布が与えられたとき，$n_{ij}(i, j \in \{1, 2\})$ の期待値 E_{ij} は，

$$E_{ij} = N \cdot \frac{n_{i\cdot}}{N} \cdot \frac{n_{\cdot j}}{N} = \frac{n_{i\cdot} n_{\cdot j}}{N}$$

で与えられます．簡単な例として，$n_{1\cdot} = n_{\cdot 1} = N/2$ の場合（被験者の半数に変異があり，また，被験者の半数が発症しているとき）の E_{11} を考えましょう．変異の有無と発症の有無が独立のときは，$N/4$ の被験者に変異があり，かつ，発症していると期待できるので，$E_{11} = N/4$ となります．

2.1.2 項で導入した通り，分割表は箱から青球，赤球の抽出を行って生成されると考えられるので，**ポアソン過程 (Poisson process)** での近似が考えられます．n_{ij} が平均 E_{ij} の**ポアソン分布 (Poisson distribution)** に従って得られたとします．ポアソン分布なので分散も E_{ij} であり，n_{ij} が十分大きければ，平均，分散ともに E_{ij} の正規分布で近似できます．ここで，n_{ij} の分布を平均0，分散1の**標準正規分布 (standard normal distribution)** $\mathcal{N}(0, 1)$ に従うように正規化すると各値は $(n_{ij} - E_{ij})/\sqrt{E_{ij}}$ に変換されるので，その2乗は $(n_{ij} - E_{ij})^2/E_{ij}$ になります．

分割表の n_{ij} の4つの値に関して，この2乗の和を考えると，

$$\sum_{i \in \{1,2\}} \sum_{j \in \{1,2\}} \frac{(n_{ij} - E_{ij})^2}{E_{ij}} \tag{2.2}$$

となります．正規分布から得られる値の2乗の和が従う分布はカイ2乗分布と呼ばれます．現在対象としている分割表（表2.1）では，フィッシャーの正確確率検定の際に導入した通り自由度が1なので，自由度1のカイ2乗分布に従います．式 (2.2) の値はカイ2乗値と呼ばれます．カイ2乗値とP値の関係は，分布表にまとめられており，この表を利用して検定を行うことができます．

まとめると，カイ2乗検定は以下で定義されます．

定義 2.2（カイ 2 乗検定）

分割表（表 2.1）におけるカイ 2 乗検定を考えます．まずカイ 2 乗値

$$\chi^2 = \sum_{i\in\{1,2\}} \sum_{j\in\{1,2\}} \frac{(n_{ij} - E_{ij})^2}{E_{ij}} \tag{2.3}$$

を計算します．そのうえで，分布表を参照して，カイ 2 乗値を P 値へと変換します．P 値が α 以下の場合，帰無仮説が棄却されます．

また，カイ 2 乗検定は n_{ij} をポアソン分布で近似していますが，N が十分大きくないときや n_{ij} のいずれかの値が小さいとき，実際の値からのずれが大きくなるので，Yates の補正が行われます．Yates の補正では，カイ 2 乗値 χ^2 は

$$\chi^2 = \sum_{i\in\{1,2\}} \sum_{j\in\{1,2\}} \frac{(|n_{ij} - E_{ij}| - 0.5)^2}{E_{ij}} \tag{2.4}$$

と計算します．

2.1.4 Mann-Whitney U 検定

先に導入したフィッシャーの正確確率検定とカイ 2 乗検定は，発症の有無を扱う検定でした．一方で，目的変数が血糖値のような数値，あるいは，年齢や発症の進行度合いを示すような離散値に対する検定は行えません．変異解析の場合，変異の有無で被験者が分かれるので，独立 2 群の差を検定する Mann-Whitney U 検定や t 検定の利用が考えられます．t 検定は広く利用され，様々な統計の本で導入されている一方で，**母集団 (population)** が正規分布に従わなければならないことから，利用範囲が限定されます．ここでは母集団が正規分布に従わない状況でも検定が可能な **Mann-Whitney U 検定 (Mann-Whitney U test)** の導入を行います．

Mann-Whitney U 検定は Wilcoxon の順位和検定と同一であり，Mann-Whitney-Wilcoxon 検定（MWW 検定）とも呼ばれます．値に分布を仮定しないノンパラメトリック検定のため，混合分布で表されるような正規性の

ないデータに対しても検定が可能です．

互いに独立に得られた n 個の標本 $X = (x_1, x_2, \cdots, x_n)$ および，m 個の標本 $Y = (y_1, y_2, \cdots, y_m)$ を考えます．両方が同一の分布から得られた標本であれば，X と Y からランダムに選んだ x_i と y_j に対し，$x_i > y_j$ となる確率と，$y_j > x_i$ となる確率が同一であると考えられます．Mann-Whitney U 検定では「$x_i > y_j$ となる確率と，$y_j > x_i$ となる確率は同一である」を帰無仮説として，検定を行います．

Mann-Whitney U 検定では，**U 統計量** (**U statistics**) を求め，それを利用して検定を行います．U 統計量は以下で定義されます．

定義 2.3 （U **統計量**）

標本 X と Y の和集合 Z を求めます．Z 内で値を順位情報に変換します．同値の場合は，該当する順位の平均値を割り当てます．R_X を X の値の Z 内での順位の総和とし，n を X 内の標本の数として，U 統計量を以下で定義します．

$$U = R_X - \frac{n(n+1)}{2}$$

U は，得られた標本のすべてのペアに関して比較を行ったときに $x_i > y_j$ となる場合の数に相当します．たとえば $X = (x_1, x_2, x_3) = (20, 50, 40), Y = (y_1, y_2) = (30, 60)$ のときに，各値を昇順に並べ，順位に変換すると，x_1 の 20 が最も小さいので 1 番，次に y_1 の 30 が小さいので 2 番となります．全体としては，X の中の数値は $1, 4, 3$ に，Y の中の数値は $2, 5$ となります．このとき，U 統計量を計算すると，$U = (1 + 4 + 3) - 3 \cdot 4/2 = 2$ となります．実際 $x_i > y_i$ となるペアは $x_2 > y_1$，$x_3 > y_1$ の 2 個のみです．また，$X = (20, 50, 40, 40), Y = (30, 60)$ のように同一の順位がある場合，40 は 3 番目と 4 番目に相当するので，順位の値としては平均をとり，いずれも 3.5 とみなします．

この式で U が $x_i > y_j$ となる回数を数えられることは，次のようにして確認できます．まず $x_i > y_j$ となる場合がない（すべての i, j について $x_i \leq y_j$ である）場合，U 統計量は 0 となります．定義 2.3 に従って U 統計量を計算すると，X 内の順位は $1, \ldots, n$ であり，その総和 R_X は $n(n+1)/2$ なので，

$U=0$ となり，確かに U 統計量と一致します．

次に，$x_i > y_j$ となる場合が 1 通りのみ存在する場合は，X 内の順位が $1,\dots,n-1,n+1$ の場合のみです．この総和を計算すると，$R_X = n(n+1)/2+1$ より，$U=1$ となります．以下同様に考えると，U が $x_i > y_j$ となる場合の数と一致することがわかります．

統計量 U 以下（あるいは以上）をとり得る確率は，フィッシャーの正確確率検定同様，場合の数を数えることで計算できます．また，標本数 $n+m$ が十分大きいとき（一般には $n+m > 20$ のとき），U の値は正規分布 $\mathcal{N}(nm/2, nm(n+m+1)/12)$ に従うことが知られており，すべての場合の数を数えなくても，正規分布の上で P 値を求め，検定が可能です．

Mann-Whitney U 検定は，以下で定義されます．

定義 2.4（Mann-Whitney U 検定）

標本 X と Y（それぞれの標本数 n と m）が与えられたとします．これらが同一の分布から得られた標本かどうかを検定します．この標本の U 統計量を U とします．正規分布 $\mathcal{N}(nm/2, nm(n+m+1)/12)$ 上で，U 以上の値が現れる確率を P 値とします．P 値が α 以下の場合，帰無仮説が棄却されます．

2.1.5 モンテカルロ検定

カイ 2 乗検定や Mann-Whitney U 検定では，統計量が近似的にカイ 2 乗分布や正規分布に従うことを利用して検定を行いました．しかし，行いたい検定によっては，統計量の近似的な分布を求めることが困難なときがあります．この場合，与えられた標本から，ランダムに**リサンプリング (resampling)** 操作を行うことで，擬似的に帰無仮説に従う仮説を生成して，P 値あるいは検定統計量の分布を作成し，それを利用して，検定を行うことができます．これをモンテカルロ検定と呼びます．正確確率検定は，起こり得るすべての場合を網羅しているので，モンテカルロ検定においてすべての場合を尽くして計算を行ったものと考えることもできます．

モンテカルロ検定は一般的な枠組みなので，データに依存しませんが，ここでは簡単のため，Mann-Whitney U 検定と同じく，標本 X と Y が得られている場合を考えます．モンテカルロ検定は次の手順で定義されます．

定義 2.5（モンテカルロ検定）

標本 X と Y が得られており，これらが同一の分布から得られた標本かどうかを検定します．ここで，標本 X と Y の和集合 Z を考えます．Z からランダムに標本を選択することで擬似的な標本 X' と Y' を作成します．そして，統計量 U を計算します．この操作を繰り返して，U の確率密度関数を描くことで，U の帰無分布 d を近似することができます．

求めた U の帰無分布を用いて，P 値が計算できます．まず，もとの標本 X と Y を利用して，統計量 U を求めます．次に，U が d 上で，この U 以上 (以下) になる面積を計算します．この面積が，与えられた状況以上の偏りがある統計量が生まれる確率，つまり P 値に相当します．P 値が α 以下の場合に，帰無仮説は棄却されます．

2.1.6 偽陽性と偽陰性

統計検定において検出の誤りを示す指標として，偽陽性（**第 1 種の過誤 (Type I error)**）と偽陰性（**false negative; 第 2 種の過誤 (Type II error)**）があります．

定義 2.6（偽陽性と偽陰性）

帰無仮説に従うにもかかわらず，棄却してしまう過誤を偽陽性と呼びます．また，対立仮説が真であるにもかかわらず，帰無仮説を採択してしまう過誤を偽陰性と呼びます．

生命情報処理では，偽陽性を避けることが重視されます．偽陽性が起きたときの問題として，たとえば健康な患者を疾病ありと判断し，手術を行う状況が考えられます．多重検定では，この偽陽性が問題となるので，本章では偽陽性に着目して話を進めます．しかし，薬剤のスクリーニングなど，可能性のあるものすべてを列挙したい場合には，偽陰性も十分考慮すべきです．

2.2 多重検定

2.2.1 多重検定問題

2.1 節では，単独の変異と発症の有無が関連するかどうかを検定していましたが，GWAS においては，与えられた複数の変異を網羅的に調査し，それらと発症の有無に関連するものを発見します．つまり各変異に対して仮説検定することで，発症と関連している変異を発見する，あるいは，調査した中で，どの変異も関連がないことを調査します．このように多数の検定が同時に発生する状況下で，今まで通り有意水準 α で検定を行った場合，すべての変異が帰無仮説に従っていたとしても，偽陽性が現れる確率が高くなる，多重性の問題が発生します．本節では，この検定の多重性が引き起こす問題を紹介します．

N 人の被験者から，M 箇所の SNP$S = \{s_1, s_2, \ldots, s_M\}$ に対して疾患を発症している被験者特有の変異を調査する場合を考えましょう (**表 2.2**)．各行が被験者を示し，各列は変異の有無を示しています．表中で 1 は対象の塩基に変異があることを，0 は変異がないことを示し，最右列は発症の有無を表します．被験者 t_1 を例にとると，s_1 は変異していますが，s_2 には変異がないことがわかり，さらに，対象の疾患を発症していることを示しています．

このように複数の変異が観測されている状況で，各変異の有無が発症の有無と関連しているかを検定する状況を考えます．1 つの変異，たとえば s_1 に着目した場合，s_1 に変異がある被験者と，ない被験者との間で，発症の有無に有意な差が認められるかどうかの状態は表 2.1(p.23) で示した分割表で表す

表 2.2 被験者と変異の関係．

	変異 (SNP)				
被験者	s_1	s_2	$\cdots$	s_M	発症
t_1	1	0	$\cdots$	0	あり
t_2	0	1	$\cdots$	0	なし
$\vdots$					$\vdots$
t_N	0	1	$\cdots$	1	あり

ことができます．この分割表をもとに，フィッシャーの正確確率検定（2.1.2項）やカイ2乗検定（2.1.3項）によりP値を計算し，あらかじめ定めた有意水準αと比較することで，s_1の変異の有無と発症は独立である，という帰無仮説が棄却されるかどうかがわかります．

さて，表2.2に示した状況では，変異がM個存在します．この中から発症に対し統計的に有意な関連を示す変異を網羅的に調べるには，M個の独立した検定が必要となります．このように同時に複数の検定が発生する状況を，**多重検定 (multiple test; multiple testing)** と呼びます．

多重検定では，検定数が1個のときに比べて，検定結果に高確率で偽陽性が生じるという問題があります．有意水準αの検定を1個行う場合，定義より，検定で生じる偽陽性はαとなります．検定を2個行った場合に，いずれかが偽陽性となる確率を考えると，$1-$(いずれも偽陽性でない確率)と同等なので，$1-(1-\alpha)^2$となります．そしてM個の検定で，いずれかが偽陽性となる確率は$1-$(M個がいずれも偽陽性でない確率)なので，$1-(1-\alpha)^M$で表されます．この「複数の検定において，いずれか1つ以上で偽陽性が起こる確率」を **Family-wise error rate (FWER)** と呼びます．

αが十分に小さいときは，$1-(1-\alpha)^M \sim 1-1+\alpha M = \alpha M$であることからも，$M$の増加に比例して偽陽性が増加することがわかります．実際にFWERをMの関数としてグラフに表したものが図**2.1**になります．$\alpha = 0.05$のときは，Mの増加に従って偽陽性は急増し，検定数$M = 100$のときには，ほぼ1，つまり，帰無仮説に従う標本で検定を100回行うと，1回は誤って帰無仮説が棄却されるという偽陽性が起きることがわかります．100個の変異に対して検定するとほぼ必ず偽陽性による検出が含まれることになります．このため，有意水準を適切な値に変更する多重検定補正が行われています．

偽陽性を計測する指標はFWER以外も提案されています．**False discovery rate(FDR)** はその代表例です．FWERは，すべての検定の中で1つでも偽陽性の起こる確率を考えていますが，検定数が多くなれば，何らかの仮説が棄却される確率は高くなるでしょう．FDRでは，棄却された仮説のうち，帰無仮説に従っているにもかかわらず，誤って棄却されているものの割合を考えます．FDRをα以下に抑えるように多重検定補正した場合，FWERをα以下に抑えた場合に比べると，偽陽性が入る可能性は増えます

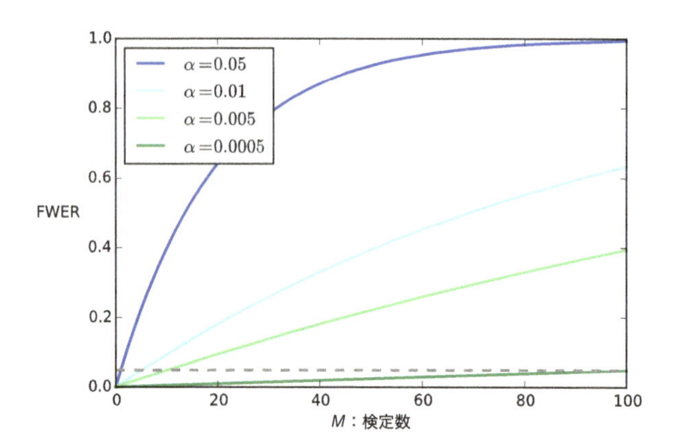

図 2.1　検定数 M の増加による FWER の急激な増加．曲線はそれぞれ α の値を変化させたときに変わる偽陽性の割合であり，青，水色，薄緑，緑はそれぞれ，α =0.05, 0.01, 0.005, 0.0005 を示しています．また，破線は FWER=0.05 の位置を示しています．

が，より多くの帰無仮説が棄却できます．

2.2.2　有意水準の補正

1 つの仮説を検定する場合，仮説が棄却されるかどうかを決めるしきい値は，有意水準 α です．多重検定においては，この有意水準 α の代わりに α より小さな補正後の有意水準 δ を用いることで，FWER もしくは，FDR を制御します．FWER も FDR も，各仮説に対し，どのような検定が行われているのか（フィッシャーの正確確率検定か，カイ 2 乗検定かなど）には依存しません．

α を変化させると，偽陽性の発生を抑えることができます．例として図 2.1 に α を変化させた場合の FWER の変化を示します．α として $\alpha = 0.05$（青線）のかわりに 0.01 を利用した場合，水色の線となり，有意水準を変更することで，FWER を減らせることがわかります．さらに小さくして，$\alpha = 0.0005$ とした場合，緑で示した線になります．この場合，100 回の検定を行っても FWER は 0.05（図 2.1 の破線）以下です．よって，100 個の変異に対する検定を，この有意水準で行えば，FWER を 0.05 以下に抑えられます．このように有意水準を変更することで，FWER を一定値以下に抑えることが可能です．ここでは，α の値を天下り的に 0.0005 としましたが，適切な α を設定する方法に関しては 2.2.3 項以降で紹介します．

多重検定は，表 2.2 のように目的変数が固定し，説明変数が多数存在する場合のみならず，多群間の比較を行う場合にも生じます．たとえば，4 群 G_1,G_2, G_3,G_4 の標本に対して，2 群間の比較を全ペアに対して行うことを考えましょう．このとき，合計 $\binom{4}{3} = \frac{4 \cdot 3}{2 \cdot 1} = 6$ 回の検定が生じます．このような検定も，多重検定の一種であり，検定回数の増加に伴って偽陽性の発生確率が高まります．本書では表 2.2 の状況を例に話を進めますが，本書で導入する多くの多重検定補正法は，ほとんどが汎用的な手法であり多群間比較において生じる多重性に対しても適用可能です．

2.2.3 Bonferroni 法

2.2.3 から 2.2.6 項では，多重検定で偽陽性が起こる確率を表す指標として FWER に着目し，FWER を制御する多重検定補正法を紹介します．また，2.2.7 項と 2.2.8 項では，FDR を用いた制御を紹介します．

手法は大きく分けて FWER の上限を理論的に計算し α 以下に抑える方法（2.2.3 項，2.2.4 項，2.2.5 項）および，リサンプリングを用いて近似的に FWER を制御する方法（2.2.6 項）の 2 つがあります．

本節では，FWER の制御をする代表的な方法である **Bonferroni 法**（**Bonferroni 補正法; Bonferroni correction**）を導入します．Bonferroni 法は，Bonferroni の不等式 [5] を利用した多重検定補正法です．補正には検定数のみを利用し，非常に高速に計算できます．

Bonferroni 法を用いて FWER が α 以下となるような補正後の有意水準 δ を求めましょう．ここでは，説明のため，表 2.2 で示した N 人の被験者から観測した M 個の変異の有無と発症の情報を利用し，変異 $s_1, s_2, \ldots, s_M$ それぞれに対して「変異 s_i の有無と発症が独立である」という帰無仮説に対する M 個の検定を考えます．また，それぞれの帰無仮説を $H_1, H_2, \ldots, H_M$，検定を行った後の，それぞれの P 値を $p_1, p_2, \ldots, p_M$ とします．Bonferroni 法による補正は，以下で定義されます．

定義 2.7（Bonferroni 法）

補正後の有意水準 δ を α/M とします．$p_i \leq \delta$ を満たす仮説 H_i を棄却します．

M 個の仮説のうち，実際に帰無仮説に従っている仮説の添字集合を I_0 とします．つまり，仮説 $H_i (i \in I_0)$ が帰無仮説に従い，$H_i (i \notin I_0)$ は帰無仮説に従っていないとします．

FWER の定義より，

$$\begin{aligned}\text{FWER} &= \Pr(\text{帰無仮説に従う仮説 } H_i \text{が，1つ以上棄却される}) \\ &= \Pr\left(\bigcup_{i\in I_0}\{p_i \leq \delta\}\right) \leq \Pr\left(\bigcup_{i=1}^{M}\{p_i \leq \delta\}\right)\end{aligned}$$

和集合の上界（Union bound, Bool の不等式）より

$$\text{上式最右辺} \leq \sum_{i=1}^{M} \Pr(p_i \leq \delta) \tag{2.5}$$

帰無仮説に従う H_i に対し，P 値の定義より $\Pr(p_i \leq \delta) = \delta$ なので，

$$\text{上式右辺} = M\delta$$

ここで，$\{p_i \leq \delta\}$ は H_i の P 値 p_i が δ 以下になる事象を表しています．よって $\bigcup_{i\in I_0}\{p_i \leq \delta\}$ は $H_i (i \in I_0)$ の仮説に関し，$p_i \leq \delta$ となる事象が 1 個でも現れることを表しているので，いい換えると，1 個以上の仮説が棄却される状態となります．

以上より，FWER を α 以下に抑えたい場合は，$M\delta \leq \alpha$ となるように，$\delta \leq \alpha/M$ を満たす δ を補正後の有意水準に用いればよいことがわかります．δ が大きいほうが検出力が高まるため [*1]，Bonferroni 法では，$\delta = \alpha/M$ とします．

解析によっては，使い勝手のよさから有意水準は変化させず，P 値を補正して利用します．Bonferroni 法では $\alpha = M\delta$ であることから，H_i に対する

---

*1 検出力が高いとは，より多くの仮説を棄却できることを示します．

表 2.3 P 値の例（仮説 20 個，P 値の昇順でソート済）

$p_{(1)}$	$p_{(2)}$	$p_{(3)}$	$p_{(4)}$	$p_{(5)}$	$p_{(6)}$	$p_{(7)}$	$p_{(8)}$	$p_{(9)}$	$p_{(10)}$
0.001	0.0026	0.0028	0.0029	0.006	0.007	0.02	0.03	0.04	0.05

$p_{(11)}$	$p_{(12)}$	$p_{(13)}$	$p_{(14)}$	$p_{(15)}$	$p_{(16)}$	$p_{(17)}$	$p_{(18)}$	$p_{(19)}$	$p_{(20)}$
0.10	0.20	0.30	0.40	0.50	0.60	0.70	0.80	0.90	1.00

補正後の P 値を p'_i とすると

$$p'_i = \min\{Mp_i, 1\}$$

を利用し，この値が α 以下の場合に仮説を棄却します．

表 2.3 の値を例に，Bonferroni 法を行います．与えられた仮説 H_i を P 値の昇順に並べたものを $H_{(i)}$ とし，対応する P 値を $p_{(i)}$ として表しています．$\alpha = 0.05$ とすると，仮説が 20 個あるので，補正後の有意水準は $\delta = 0.05/20 = 0.0025$ となります．表 2.3 を見ると，0.0025 以下は $p_{(1)}$ のみなので，$H_{(1)}$ のみが棄却されます．

2.2.4 ステップワイズ法（Holm 法と Hochberg 法）

Bonferroni 法は，検定数のみで補正ができるため，非常に高速に補正後の有意水準が求まります．一方で，棄却できる仮説が増えると，式 (2.5) の不等式で，すでに棄却されるとわかった仮説も和に含めているため，等式の値からは大きな乖離を生じる可能性があります．FWER の上限をより厳密に算出するため，棄却できる検定数を状況に応じて変更し，それに従って補正後の有意水準を変化させる方法があります．これを**ステップワイズ (step-wise)** 法と呼びます．それに対し，Bonferroni 法のように棄却検定数によらず補正後の有意水準が決まる方法を**シングルステップ (single-step)** 法と呼びます．

ステップワイズ法のうち，P 値が小さく有意になりやすい仮説から調べる方法を**ステップダウン (step down)** 法，逆に P 値が大きく有意になりにくい仮説から調べる方法を**ステップアップ (step-up)** 法といいます．ここでは，ステップダウン法を利用する方法として Holm 法を，ステップアップ法を利用する方法として Hochberg 法を紹介します．

$H_1, H_2, \ldots, H_M$ を仮説集合，$p_1, p_2, \ldots, p_M$ をそれらの P 値とします．

Holm 法 (**Holm-Bonferroni 法; Holm method; Holm-Bonferroni method**)[20] は，仮説 H_i が棄却されるとき，$p_j \leq p_i$ なる H_j は必ず棄却されることを利用して，補正後の有意水準を Bonferroni 法に比べ，大きくする手法です．

定義 2.8（Holm 法）

P 値の昇順になるように仮説を並べ替え $H_{(1)}, H_{(2)}, \ldots, H_{(M)}$ とします．対応する P 値は $p_{(1)}, p_{(2)}, \ldots, p_{(M)}$ とします．このとき k を

$$k = \min \left\{ m \middle| p_{(m)} > \frac{\alpha}{M+1-m} \right\}$$

として，仮説 $H_{(1)}, H_{(2)}, \ldots, H_{(k-1)}$ を棄却します．

Holm 法で FWER を α 以下に制御ができることは，次のように証明できます．

M 個の仮説のうち，帰無仮説に従う仮説の添字集合を I_0 とします．I_0 の詳細は未知です．ここで，

$$\begin{aligned} \text{FWER} &= \Pr(\text{帰無仮説に従う仮説 } H_i \text{が，1 つ以上棄却される}) \\ &= \Pr\left(\bigcup_{i \in I_0} \{p_i \leq \delta\} \right) \end{aligned} \tag{2.6}$$

を考えます．I_0 に M 個すべての仮説が含まれるとし，$p_{(1)}$ に関して Bonferroni 補正同様に α/M で帰無仮説を棄却できるかどうかを考えましょう．棄却されない場合は，すべての検定が帰無仮説に従うと考えられるので，α/M を補正後の有意水準とします．

棄却された場合 $H_{(1)}$ は，帰無仮説に従わないと考えられるので，I_0 に含まなくてよいことがわかります．そして，I_0 の要素数は $M-1$ 個になります．改めてこの状態で式 (2.6) の FWER を考えると，残り $M-1$ 個の仮説があるので，$\alpha/(M-1)$ が補正後の有意水準となります．この値が $p_{(2)}$ より小さいと $H_{(2)}$ が棄却されず，$H_{(2)}$ が I_0 に含まれるか否かはわからないので，$H_{(1)}$ のみが有意な仮説として考えられます．棄却された場合は，同様に $H_{(3)}$ を考えます．

以上を一般化すると，Holm 法では，以下のアルゴリズムで棄却する検定を求めます．

アルゴリズム 2.1 Holm 法のアルゴリズム

1. 初期値として，$i = 1$ とします．
2. $p_{(i)} \leq \frac{\alpha}{M+1-i}$ を満たすなら $i = i + 1$ として，再度手順 2 を行います．満たさない場合，手順 3 に移ります．
3. $k = i$ とします．つまり，手順 2 の式を満たさなくなった際の i を k とします．
4. $k > 1$ の場合，$H_{(1)}, \ldots, H_{(k-1)}$ を棄却します．$k = 1$ の場合は，1 つも仮説を棄却しません．

$k \geq 1$ なので，$\frac{\alpha}{M+1-k} \geq \frac{\alpha}{M}$ であり，Bonferroni 法と棄却する仮説数が同じか，それ以上になることが保証できます．また，有意水準の補正ではなく，P 値を補正する場合は，仮説 $H_{(i)}$ の補正後の P 値を $p'_{(i)}$ とすると

$$p'_{(i)} = \min\{(M + 1 - i)p_{(i)}, 1\}$$

となります．

表 2.3 の例で，Holm 法による補正を行います．有意水準 $\alpha = 0.05$ とします．$H_{(1)}$ に適用する補正後の有意水準 δ は，$\alpha/20 = 0.0025$ であり Bonferroni 法と同様になります．$p_{(1)} = 0.001 < 0.0025$ なので，$H_{(1)}$ は棄却されます．次に，$H_{(2)}$ に対する補正後の有意水準は $\alpha/19 = 0.00263$ であり $p_{(2)}$ より大きいので，$H_{(2)}$ も棄却されます．$H_{(3)}$ は，有意水準が $\alpha/18 = 0.00278$ で，$p_{(3)}$ より大きくなるので，棄却しません．以上より，$H_{(1)}$ と $H_{(2)}$ が棄却される仮説となります．Bonferroni 法では棄却されない $H_{(2)}$ が，Holm 法では棄却され，検出数が増加します．

次に，Holm 法同様にステップワイズ法ですが，棄却される検定数は Holm 法と同じか多くなる **Hochberg 法** (**Hochberg method**)[19] を紹介します．Hochberg 法は，Holm 法とは，ステップアップ法を利用します．

Hochberg 法で正しく補正が行われるには，仮説が互いに独立であることが条件となるため，利用できる状況が限られます．

Hochberg 法は Holm 法とは反対に $p_{(k)} \leq \frac{\alpha}{M+1-k}$ を満たす中で，最も大きな k に着目をします．

定義 2.9（Hochberg 法）

P 値の昇順になるように仮説を並べ替え $H_{(1)}, H_{(2)}, \ldots, H_{(M)}$ とします．対応する P 値は $p_{(1)}, p_{(2)}, \ldots, p_{(M)}$ とします．このとき，k を

$$k = \max\left\{ m \middle| p_{(m)} \leq \frac{\alpha}{M+1-m} \right\}$$

として，$H_{(1)}, H_{(2)}, \ldots, H_{(k)}$ を棄却します．

式を満たす最大の値を求めたいので，アルゴリズムでは Holm 法とは逆に，P 値の大きい方から探索します．

アルゴリズム 2.2　Hochberg 法のアルゴリズム

1. 初期値として，$i = M$ とします．
2. $p_{(i)} > \frac{\alpha}{M+1-i}$ を満たすなら $i = i - 1$ として，再度手順 2 を行います．満たさないか，$i = 0$ になった場合，手順 3 に移ります．
3. $k = i$ とします．つまり，手順 2 の式を満たさなくなった際の i を k とします．
4. $k > 0$ の場合，$H_{(1)}, \ldots, H_{(k)}$ を棄却します．$k = 0$ の場合，1 つも仮説を棄却しません．

表 2.3 の例で，Hochberg 法による補正を行います．$\alpha = 0.05$ とします．Hochberg 法では，P 値の大きい方からはじめますが，$H_{(20)}, \ldots, H_{(6)}$ については P 値が 0.05 より大きく帰無仮説は棄却されないので，ここでは $H_{(5)}$ から説明をはじめます．$H_{(5)}$ では，$0.05/16 = 0.00313 < p_{(5)}$ より，帰無仮

説は棄却されません．次に $H_{(4)}$ では，$0.05/17 = 0.00294 > p_{(4)}$ より，帰無仮説が棄却されます．よって，Hochberg 法では $H_{(1)}$ から $H_{(4)}$ が棄却されます．

この例において，Holm 法と Hochberg 法では，棄却される帰無仮説が異なります．$H_{(3)}$ に着目すると，$\alpha/18 < p_{(3)}$ となり，局所的には帰無仮説は棄却されません．一方，$H_{(2)}$ と $H_{(4)}$ は帰無仮説を棄却します．このように，P 値が小さい方や大きい方から調べた場合，1 度帰無仮説を棄却しないものがあっても，その後再度棄却するものが現れる可能性があります．そのため，P 値の下から調べるか，上から調べるかの違いだけであるにもかかわらず，これらの手法で棄却できる仮説が変わります．

2.2.5 Tarone 法

Tarone 法 (Tarone method) [31] は，Holm 法同様に Bonferroni 法の改良アルゴリズムですが，周辺分布を利用することで，FWER を α 以下に抑えつつ，Bonferroni 法より高い補正後の有意水準が得られます．

Bonferroni 法と同様に FWER を考えます．I_0 を帰無仮説に従う仮説の添字集合として，

$$\begin{aligned} \text{FWER} &= \Pr(\text{帰無仮説に従う仮説 } H_i \text{が，1 つ以上棄却される}) \\ &= \Pr\left(\bigcup_{i \in I_0} \{p_i \leq \delta\}\right) \leq \Pr\left(\bigcup_{i=1}^{M} \{p_i \leq \delta\}\right) \\ &\leq \sum_{i=1}^{M} \Pr\left(p_i \leq \delta\right) \end{aligned}$$

です．Bonferroni 法では，ここで $\Pr(p_i \leq \delta)$ は，仮説 H_i が帰無仮説に従っていれば，δ であることから，ただちに $M\delta$ を上限として利用しています．Tarone 法では，周辺分布を利用することで $\Pr(p_i \leq \delta) = 0$ である仮説が存在することを示し，これを利用することで，より厳密な FWER の上界を計算します．

分割表の周辺分布が既知の状況を考えましょう．表 2.1(p.23) の分割表（**表 2.4**(a) に再掲）における周辺分布は，N, $n_{1\cdot}$, $n_{2\cdot}$, $n_{\cdot 1}$, $n_{\cdot 2}$ の値で定まるので，これらの値が一定であるとします．$n_{2\cdot}$ は N と $n_{1\cdot}$ から，$n_{\cdot 2}$ は N と $n_{\cdot 1}$

表 2.4 分割表. (a) 表 2.1 の再掲. (b)4 変数 N, n, x, y のみで表したもの.

(a)

	変異 あり	変異 なし	
発症あり	n_{11}	n_{12}	$n_{1\cdot}$
発症なし	n_{21}	n_{22}	$n_{2\cdot}$
	$n_{\cdot 1}$	$n_{\cdot 2}$	N

(b)

	変異 あり	変異 なし	
発症あり	$y = n_{11}$	$n - y$	$n = n_{1\cdot}$
発症なし	$x - y$	$N - n - x + y$	$N - n$
	$x = n_{\cdot 1}$	$N - x$	N

から求められるので，以下 $n = n_{1\cdot}$, $x = n_{\cdot 1}$ と表します．このとき，周辺分布は N, n, x の 3 変数で表すことができます（表 2.4(b)）．

さて，この分割表の自由度が 1 だったので，周辺分布が固定されていれば，この表の変数は実質的に 1 つです．実際 $y = n_{11}$ とおくと，残りの 3 変数をすべて決めることができます（表 2.4(b)）．さらに，2.1.2 項のフィッシャーの正確確率検定の計算でも利用した通り，y にはとり得る範囲が存在しており，下限は変異のある被験者が，誰も発症していなかった場合，つまり $y = 0$ の場合です．上限は変異のある被験者全員が発症している $y = x$ の場合ですが，y は発症している被験者の総数 n を超えることはできないので，$y = \min\{x, n\}$ となります．

Tarone 法では，Bonferroni 法の過剰な FWER の上限を緩和するため y のとり得る範囲に合わせ，P 値にもとり得る範囲が存在することを利用します．ここでは，はじめにフィッシャーの正確確率検定を利用した片側検定を用いて導入しますが，同様に両側検定，さらには前述のカイ 2 乗検定や Mann-Whitney U 検定でも，P 値の範囲を計算可能です．

表 2.4(b) のときの P 値を，フィッシャーの正確確率検定で計算します．

$$f(i) = \frac{\begin{pmatrix} n \\ i \end{pmatrix}\begin{pmatrix} N-n \\ x-i \end{pmatrix}}{\begin{pmatrix} N \\ x \end{pmatrix}}$$

とおくと

$$P(Y \geq y) = \sum_{i=y}^{\min\{x,n\}} f(i)$$

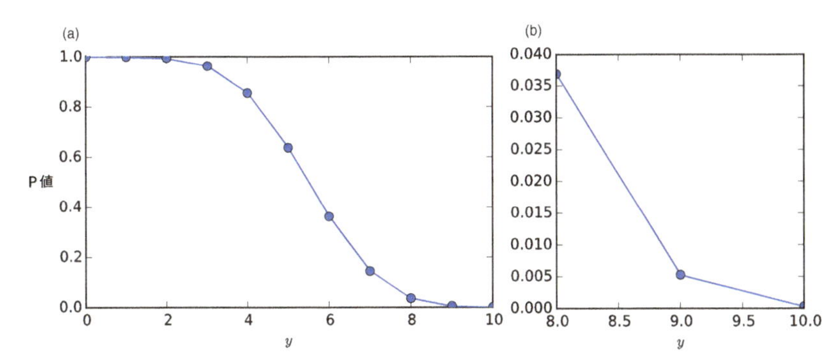

図 2.2　フィッシャーの正確確率検定における片側検定の P 値の分布．(a) 周辺分布を $N = 50, n = 25, x = 10$ と固定して，y を変化させた場合の P 値の変化．(b)(a) の中で $y \geq 8$ のみを拡大したもの．y が最大値 10 をとる場合でも，P 値は $3.18 \cdot 10^{-4}$ であり，0 よりは大きな値をとります．

となります．ここで，この P 値を y の関数であると考えます．$f(i)$ は非負の値であり，$f(i)$ の和で表されていることから，y を変化させたときに P 値が最も小さくなるのは，y が最も大きな $\min\{x, n\}$ のときです．よって，次の性質が成立します．

性質 2.1

フィッシャーの正確確率検定において，周辺分布が与えられたときにとり得る P 値の下限 $l(x)$ は，

$$l(x) = \frac{\begin{pmatrix} n \\ y \end{pmatrix}\begin{pmatrix} N-n \\ x-y \end{pmatrix}}{\begin{pmatrix} N \\ x \end{pmatrix}}, \text{ただし } y = \min\{x, n\} \quad (2.7)$$

で表されます．

カイ 2 乗検定でも同様に P 値の範囲を計算できます．片側検定を考えると，

$$E_{ij} = N \cdot \frac{n_{i\cdot}}{N} \cdot \frac{n_{\cdot j}}{N}$$

として

$$\begin{aligned}\chi^2 &= \sum_{i\in\{1,2\},j\in\{1,2\}} \frac{(n_{ij}-E_{ij})^2}{E_{ij}} \\ &= \frac{(n_{11}n_{22}-n_{21}n_{12})^2 N}{n_{1\cdot}n_{2\cdot}n_{\cdot 1}n_{\cdot 2}} \\ &= \frac{\left(y(N-n-x-y)-(x-y)(n-y)\right)^2 N}{n(N-n)x(N-x)} \\ &= \frac{(Ny-nx)^2 N}{n(N-n)x(N-x)} \end{aligned} \tag{2.8}$$

χ^2 を y の関数と考えると，$y=\frac{nx}{N}(=E_{11})$ で下限をとり，$y \geq \frac{nx}{N}$ では，y の増加にしたがって単調増加します．χ^2 値が増加すると P 値は減少することから，y が増加すると，P 値は単調減少します．つまり，フィッシャーの正確確率検定の場合と同様，y が上限 $\min\{x,n\}$ をとるとき，P 値が最も小さくなります．以上の 2 例より，分割表の周辺分布が与えられたとき，とり得る P 値には 0 より大きい下限が存在していることが確認できます．

FWER の計算式 (2.5) に戻りましょう．仮説 H_i に関し，前段落までに求まった P 値の下限を l_i とします．ここで有効 (testable) な仮説と有効でない (untestable) 仮説を定義します．

定義 2.10（有効な仮説）

補正後の有意水準 δ に対し $l_i \leq \delta$ となるとき H_i を有効な仮説，$l_i > \delta$ となるとき，H_i を有効でない仮説と呼びます．

有効な仮説を利用して，FWER を考えます．式 (2.5) では FWER $\leq \sum_{i=1}^{M} \Pr(p_i \leq \delta)$ と，$\Pr(p_i \leq \delta)=\delta$ であることから，FWER $\leq M\delta$ を導いていました．有効な仮説であれば，$p_i \leq \delta$ が成立する可能性があるので，今まで通り $\Pr(p_i \leq \delta)=\delta$ となります．一方で，有効でない仮説に対しては P 値を計算する前に $\delta < l_i < p_i$ より $p_i \leq \delta$ が成立しないことが保証できます．つまり，周辺分布が与えられたとき，その帰無仮説が必ず棄却されないことが保証できるので，$\Pr(p_i \leq \delta)=0$ となります．そして，式 (2.5) から式 (2.6) への計算で，すべての仮説に関して $\Pr(p_i \leq \delta)=\delta$ としていた所を有効でない仮説に対しては $\Pr(p_i \leq \delta)=0$ とできます．より大きな δ

で FWER の上限を α 以下に抑えられる可能性があります．

以上の議論では，δ が固定された状況を考えていましたが，δ が変わると，有効な仮説の数が変わり，それにより FWER の上界の値が変わります．このため，FWER を α 以下に制御できる，最適な δ を求める必要があります．

Tarone 法を以下で定義します．

定義 2.11 （Tarone 法）

仮説 H_i において，変異ありの被験者数を x_i とします．このとき，P 値の下限 l は性質 2.1 の式 (2.7) で表せます．x_i に対応する下限を l_i とします．仮説を下限 l_i の昇順になるように並べ替え $H_{(1)}, H_{(2)}, \ldots, H_{(M)}$ とします．対応する l_i を $l_{(1)}, l_{(2)}, \ldots, l_{(M)}$ とします．

このとき，

$$h = \min\left\{i \middle| l_{(i)} > \frac{\alpha}{i}\right\} - 1$$

とすると，補正後の有意水準 $\delta = \frac{\alpha}{h}$ とすることで，FWER を α 以下に制御できます．$p_i \leq \delta$ となる仮説が棄却されます．

Tarone 法で，FWER を α 以下に制御できることを確認しましょう．まず，補正後の有意水準を $\delta_k = \alpha/k$ と仮定します．FWER の上限は，

$$\begin{aligned} \text{FWER} &\leq \sum_{i=1}^{M} \Pr(p_i \leq \delta_k) \\ &= \sum_{i \in \{m | l_m \leq \delta_k\}} \Pr(p_i \leq \delta_k) + \sum_{i \in \{m | l_m > \delta_k\}} \Pr(p_i \leq \delta_k) \end{aligned}$$

です．前出の通り，$l_i > \delta_k$ なる仮説では $\Pr(p_i \leq \delta_k) = 0$ なので

$$\begin{aligned} \text{上式右辺} &= \sum_{i \in \{m | l_m \leq \delta_k\}} \Pr(p_i \leq \delta_k) \\ &= |\{m \mid l_m \leq \delta_k\}| \delta_k \end{aligned}$$

となります．ここで求まる FWER の上限を $g(\delta_k) = |\{m \mid l_m \leq \delta_k\}| \delta_k$ とすると $g(\delta_k) \leq \alpha$ であれば，補正後の有意水準を δ_k とすることで，FWER を α 以下に制御できます．

H_k における $\delta_k, l_k, g(\delta_k)$ の関係を示した模式図を図 **2.3** に示します．H_k が l_k の昇順に並んでいると仮定します．たとえば，$k = 1$ では，星印（☆）で示した補正後の有意水準は $\delta_1 = \alpha/1 = \alpha$ となります．菱型（◆）で示した $g(\delta_1) = |\{m \mid l_m \leq \delta_1\}|\delta_1$ を考えると，δ_1 が大きいため有効な仮説の数 m が大きく，$g(\delta_1) > \alpha$ となります．つまり，δ_1 では，FWER を α 以下に抑えられません．

l_k が δ_k 以上となる $k = h$ を考えると，$\delta_h = \alpha/h$ となり，有効な仮説 H_m は定義2.10より，$m = 1, \ldots, h-1$（$l_h > \delta_h$ のとき），もしくは，$m = 1, \ldots, h$（$l_h = \delta_h$ のとき）となります．そして，$g(\delta_h) = |\{m \mid l_m \leq \delta_h\}|\delta_h \leq h\alpha/h = \alpha$ が成立します．よって，FWER を α 以下に制御できることがわかります．

以上より，Tarone 法は，次のアルゴリズムで FWER を α 以下に制御できる δ を求めます．

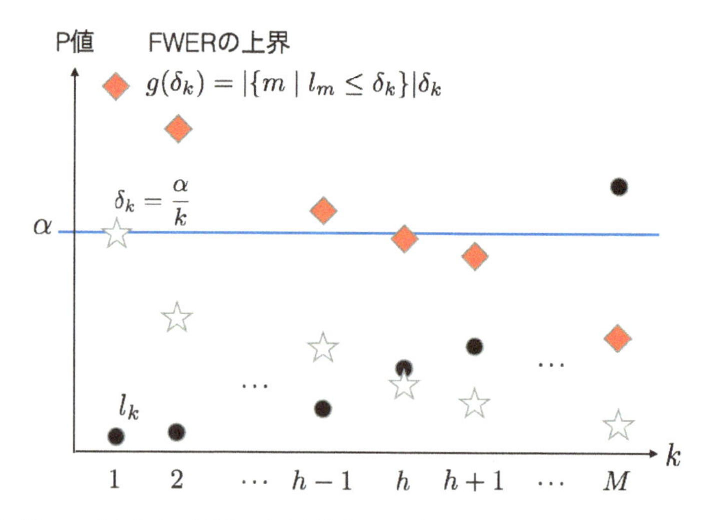

図 2.3　Tarone 法における補正後の有意水準 δ_k，下限値 l_k，FWER の上限 $g(\delta_k)$ の関係に関する模式図.

アルゴリズム 2.3 Tarone 法のアルゴリズム

1. $H_1, H_2, \ldots, H_M$ を仮説集合，$l_1, l_2, \ldots, l_M$ をそれらの P 値の下限とします．
2. 仮説集合を $l_{(1)}, \ldots, l_{(M)}$ が昇順となるように並べ，対応する仮説を $H_{(1)}, \ldots, H_{(M)}$，P 値を $p_{(1)}, \ldots, p_{(M)}$ とします．
3. $i = 1$ とします．
4. $\delta_i = \frac{\alpha}{i}$ とします．$l_{(i)} < \delta_i$ のときは $i = i + 1$ として手順 4 を繰り返します．
5. $l_{(i)} \geq \delta_i$ となるはじめての i に関し，$h = i$ とします．
6. $\delta = \frac{\alpha}{h}$ が補正後の有意水準となります．$p_i \leq \delta$ となる H_i が棄却される仮説となります．

アルゴリズム 2.3 において，手順 4 の繰り返しは，$H_{(1)}$ から $H_{(i)}$ を有効な仮説，それ以外を有効でない仮説と仮定した場合に，定義 2.11 に従い l_i と δ_i の関係を調べています．

実際に Tarone 法の挙動を**表 2.5** を利用して紹介します．表 2.5 は各列が仮説を表しており，H_1 から H_5 の 5 個の仮説があります．H_i に対応する x と y（表 2.4(b) 参照）を x_i，y_i で記し，H_i に対応する P 値の下限と実際の P 値を l_i，p_i と記します．簡単のため，H_i は l_i の昇順に並べ替えてあります．

$\alpha = 0.05$ とし H_1 を有効な仮説と考えます．補正後の有意水準は $\alpha/1 = 0.05$ です．これは $l_1 = 0.018$ より大きいので，さらに有効な仮説を増やします．H_1 と H_2 を有効な仮説と考えると，補正後の有意水準 δ_2 は $\alpha/2 = 0.025$

表 2.5 Tarone 法の説明例．$N = 8, n = 3$ とします．

i	1	2	3	4	5
x_i	3	4	2	1	1
y_i	3	0	1	0	1
l_i	0.018	0.071	0.107	0.375	0.375
p_i	0.018	0.500	0.643	1	0.375
δ_i	0.05	0.025	0.017	0.013	0.01

です．これは，$l_2 = 0.071$ より小さいので，H_2 は有効な仮説にはなりません．よって，H_3 以降も有効な仮説にはならず，最終的に，有効な仮説は H_1 のみとなり，補正後の有意水準は，$\alpha/1 = 0.05$ となります．そして，この有意水準で検定を行うと $p_1 \leq 0.05$ より，H_1 のみが棄却されます．

Tarone 法を考えると，「観測したけれど該当者がいなかった」仮説は，任意の周辺分布に対し $l(0) = 1$ なので有効な仮説になりません．よって，Bonferroni 法の検定数から外しても，FWER が α を超えないことがわかります．変異の観測において，欧米人を基準に作成された変異の表に対して，日本人のデータを当てはめると，一部の変異で日本人に存在しないものもありますが，Tarone 法は，この変異群を仮説から外して多重検定補正を行ってもよいことを保証します．

先に紹介した Bonferroni 法や Holm 法などとは違い，Tarone 法は周辺分布を利用しています．Bonferroni 法や Holm 法では，各検定の P 値のみがわかっていれば，補正を行うことが可能でしたが，Tarone 法では P 値の下限 l_i がわかる，つまり，周辺分布がわかる必要があります．

2.2.6 リサンプリング法による近似的な制御

FWER の制御では，前項までに記したような理論的な上限を用いる方法が頻繁に利用されますが，実際のデータに適用すると理論的な仮定にデータが添わないことから，FWER の上限を過剰に見積り，検出力が低いという問題がしばしば起こります．特に GWAS のように，非常に多くの仮説に適用する場合は補正が保守的になる傾向があり，偽陰性が多く発生する問題点も知られています．この原因の 1 つは，検定間の従属性にあります．たとえば Bonferroni 補正では和集合の上界を利用していますが，検定間に従属性がある場合，計算される上界より実際の値は小さくなります．変異を考えた場合，すべての変異に関して，変異の有無は独立ではなく，染色体上で近くに存在する変異間には強い相関があります．なぜなら，変異が親から子へと受け継がれるときには，染色体間で組み換えが起きることが知られていますが，染色体上の塩基配列は鎖状に並んだものなので，近くの変異群は，まとまって遺伝することになります．このまとまりは**ハプロタイプブロック (haplotype block)** と呼ばれます．一方で，存在する従属性を理論的に扱うのは容易ではないため，変数間の従属性，あるいは，計算し得る値から得られる特徴を利用して，よりよい FWER の上界を近似する手法が開発されています．

従属性を扱うための方法として，モンテカルロ検定に準ずる方法が考えられます．モンテカルロ検定を利用した多重検定補正法として **Westfall-Young 法 (Westfall-Young method)**[34] を紹介します．

FWER の確率密度分布について考えます．I を全仮説の添字集合，I_0 を帰無仮説に従う仮説の添字集合とすると，全仮説は $H_i(i \in I)$ で表されます．その内，帰無仮説に従うものは $H_i(i \in I_0)$ となります．

$$\begin{aligned} \text{FWER} &= \Pr(H_i(i \in I_0)\text{ が，1 つ以上棄却される}) \\ &= \Pr(1\text{ つ以上の } i \in I_0 \text{に対して } p_i \leq \delta) \\ &= \Pr(\min_{i \in I_0} p_i \leq \delta) \leq \Pr(\min_{i \in I} p_i \leq \delta) \end{aligned} \tag{2.9}$$

と変形できます．2 行目から 3 行目の min を使った式の導入は，すべての p_i の中で，δ 以下になるものがある事象は，p_i の最小値を調べ，それが δ を下回っている事象と同値であることを利用しています．最後の不等式は，$I_0 \subseteq I$ より $\min_{i \in I_0} p_i \geq \min_{i \in I} p_i$ であることから得られる不等式です．

式 (2.9) より，$\min\limits_{i \in I} p_i$ の分布を知ることができれば，その分布の α%点を補正後の有意水準 δ とすることが可能です．模式的に，**図 2.4** に様々な帰無仮説集合 I_0 から得られる $\min p_i$ の分布を描きました．曲線が帰無仮説から求めた $\min\limits_{i \in I} p_i$ の確率密度関数を示し，灰色の領域が全体の α%，δ が補正後の有意水準となります．

しかし，この $\min\limits_{i \in I} p_i$ の関数を事前に知ることは困難です．そのため，Westfall-Young 法では，各サンプル（被験者）に対する発症の有無を並べ替える操作を多数行うことで，分布を近似します．並べ替えることで，被験者と発症の対応が独立になり，すべての変異に関する仮説が帰無仮説に従うと考えられます．

このとき，2 点注意すべきことがあります．第 1 に，対象となる分布を保つため，発症被験者数には変更を加えません．そのために，任意に選んだ 2 サンプル間の発症の有無を入れ替える並べ替え操作を多数行う，並べ替え法を利用します．第 2 に説明変数である変異間の関係は入れ替えません．本手法で着目しているのは，発症の有無が与えられたときに起こる P 値の最小値の分布を計算することです．そのためには，与えられたデータの説明変数間

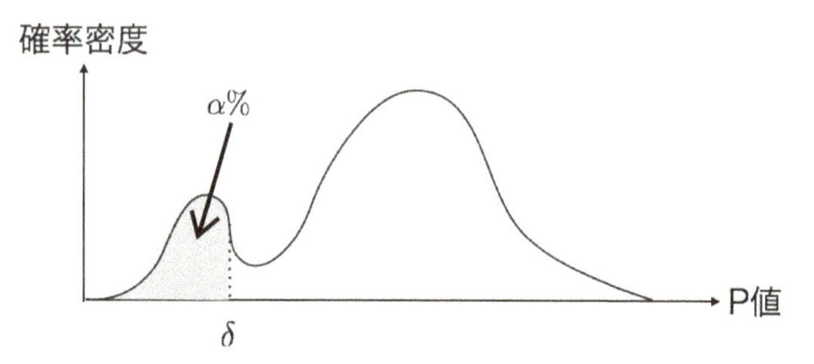

図 2.4 $\min p_i$ の分布の模式図．下から α %の点が，補正後の有意水準 δ となります．

の従属性は保たれている必要があります．

この並べ替え法を利用する Westfall-Young 法は次の定義となります．

定義 2.12（Westfall-Young 法）

与えられたデータを $\mathcal{D}$ とします．$\min p_i$ の分布を作成するために，各サンプル（被験者）と目的変数（発症の有無）の対応を並べ替え法によって入れ替え，R 種類のデータを作成します．t 種類目のデータを $\mathcal{D}^t$ とし，$\mathcal{D}^t$ 上で，最小の P 値 $\min p_i$ を計算し，m^t とします．これらリスト $L = \{m^1, m^2, \ldots, m^t\}$ の中で，$\alpha R + 1$ 番目未満の最大の値が補正後の δ となります．$\mathcal{D}$ 上で P 値が δ 以下の仮説を棄却します．

αR 番目ではなく，$\alpha R + 1$ 番目を比較に用いているのは，有意水準を δ で検定したときに，FWER が確実に α 以下になるようにするためです．基本的に L 中の αR 番目の値が δ となりますが，αR 番目と $\alpha R + 1$ 番目が同じ値であった場合，αR 番目の値を δ とすると FWER が α を超える可能性があります．このような事態を避けるために，$\alpha R + 1$ 番目未満の最大の値を選んでいます．

仮説 $H_i (i \in I)$ に対する Westfall-Young 法は以下のアルゴリズムで表されます．

アルゴリズム 2.4 Westfall-Young 法のアルゴリズム

1. 繰り返しの回数 R を設定します.
2. $L \leftarrow \{\}$ // 最小値の保存
3. **for** $t = 1, \ldots, R$ **do**
4. 各患者の発症の有無を，並べ替え法により入れ替えます．並べ替え後のデータを $\mathcal{D}^t$ とします.
5. $\mathcal{D}^t$ 上での，変異 $i (i \in I)$ に対する P 値を p_i^t とします.
6. $\min_{i \in I} p_i^t$ を計算し，L に追加します.
7. **end for**
8. L の内，下から $\alpha R + 1$ 番目の値未満の最大の値を δ とします.

Westfall-Young 法には，高速化の余地が残ります．たとえば，並べ替えによって全被験者数 N，発症者数 x および変異集合 I は変化せず，変化するのは，ある変異を有する被験者のうち，発症した人の数 y のみです．これを考えると，並べ替えや変異によらず (x, y) の組が同一であれば，分割表が同一となり，計算される p_i の値も同一となります．この観察を利用すると，(x, y) に対して 1 度計算した P 値を保存し，再計算の際にはすでに計算した値を利用する早見表を用いることで，計算の高速化が見込めます．特に，フィッシャーの正確確率検定では P 値の計算が重いので，大幅な高速化が期待できます.

また，Westfall-Young 法のアルゴリズムでは，手順 3〜7 の最小の P 値の計算は $\mathcal{D}^t$ ごとに独立に行われるため，複数のコアを有する計算機を用いて，並列化を行うことが可能です.

2.2.7 Benjamini-Hochberg 法

2.2.3 から 2.2.6 項で紹介した FWER は，仮説の数が多くなると，基準が厳しくなります．問題によっては，この基準が厳し過ぎることも考えられます．多少の偽陽性を許してもよい状態では，FWER の代わりに，False discovery rate(FDR) を用いた多重検定補正法が利用されます．ここでは，FDR の導入を行い，FDR の制御で最もよく利用される **Benjamini-Hochberg 法**（**BH 法; Benjamini-Hochberg method**）[3] を紹介します．

$H_1, \ldots, H_M$ を M 個の仮説とし，それぞれの P 値を $p_1, \ldots, p_M$ とします．補正後の有意水準を δ とすると，$I_R = \{i \mid p_i \leq \delta\}$ は，有意水準が δ の時に棄却される仮説の添字集合を表します．また，I_0 を帰無仮説に従う仮説の添字集合とします．FDR は，棄却した仮説に含まれる，帰無仮説に従う仮説の割合の期待値です．以下で定義されます．

定義 2.13（FDR）

$$\mathrm{FDR} = E\left[\frac{|I_R \cap I_0|}{|I_R|}\right] \tag{2.10}$$

ここで，$E[\cdot]$ は期待値，$|I_R|$ は I_R の要素数を表します．また，I_R が空集合の場合は，FDR は 0 と定義します．

I_R が空集合になる場合に対応するため，より正確には

$$\mathrm{FDR} = E\left[\frac{|I_R \cap I_0|}{|I_R|}\middle| |I_R| > 0\right] P(|I_R| > 0)$$

と定義できますが，ここでは簡単のため，式 (2.10) で話を進めます．

検定したい仮説群が帰無仮説に従っていると，P 値は区間 $[0, 1]$ で一様分布をとると期待できます．このとき，帰無仮説から M 個の仮説を独立に生成すると，それぞれ δ_i の確率で帰無仮説を棄却する可能性があるので，偽陽性により検出される仮説数の期待値は $M\delta$ となります．帰棄された仮説数を m とすると，

$$\mathrm{FDR} = E\left[\frac{|I_R \cap I_0|}{|I_R|}\right] \leq \frac{E[|I_R \cap I_0|]}{E[|I_R|]} = \frac{M\delta}{m}$$

となります．この値が α 以下なら，FDR が α 以下に制御できるので，以下の BH 法が導けます．

定義 2.14 (BH 法)

$p_1, \ldots, p_M$ を昇順に並べたものを $p_{(1)}, \ldots, p_{(M)}$ とし，対応する仮説を $H_{(1)}, \ldots, H_{(M)}$ とします．

$$h = \max\left\{m \middle| \frac{M}{m} p_{(m)} \leq \alpha\right\}$$

としたとき，$H_{(1)}, \ldots, H_{(h)}$ を棄却します．

BH 法では，2.2.4 項の Hochberg 法と同様に，$i < h$ なる i に対しても $\frac{M}{i} p_i > \alpha$ が成立する可能性があります．つまり，棄却した仮説の中に，局所的に見ると FDR の制御が行われていない仮説が存在する可能性があります．$\frac{i}{M}\alpha$ は，i の増加に従って線形に増加する関数ですが，$p_{(i)}$ は単調に増加するものの線形性は保証されません．FDR は期待値での保証なので，たとえ部分的に FDR が制御されなくとも，仮説間の独立性があれば大域的に見て FDR は制御されています．

BH 法の h は次のアルゴリズム 2.5 で求められます．i を最大の値からはじめるステップアップ法の手続きを利用しています．

アルゴリズム 2.5 BH 法のアルゴリズム

1. p_i を昇順に並べ $p_{(1)}, \ldots, p_{(M)}$ とします．
2. $q_{(M)}$ を以下で計算します．

$$q_{(M)} = \min_{t \geq p_{(M)}} \frac{M}{|\{j | p_j \leq t\}|} t = p_{(M)}$$

3. 順に $m = M-1, M-2, \ldots, 1$ に関して，$q_{(m)}$ を求めます．

$$q_{(m)} = \min_{t \geq p_{(m)}} \frac{M}{|\{j | p_j \leq t\}|} t = \min\left(\frac{M}{m} p_{(m)}, q_{(m+1)}\right)$$

4. $q_i \leq \alpha$ となる H_i を棄却します．

このアルゴリズム中で利用している q_i の値は **q 値 (q-value)** と呼ばれます．Bonferroni 法における補正後の P 値のように，q 値は補正後の P 値として利用され，q 値が α 以下の仮説は棄却されます．

表 2.3 のデータを例に，BH 法を確認します．有意水準 α を 0.05 とします．全部で仮説が 20 個あり，仮説が P 値の昇順に並んでいるとし，各 P 値を $p_{(1)}, \dots, p_{(20)}$ とします．BH 法はステップアップの手順をとるので $m = 20$ からはじめます．q 値を計算すると，$(M/20) \cdot p_{(20)} = 1.0 \cdot 1.0 = 1.0 > \alpha$ より，$H_{(20)}$ は棄却されません．以下順に m を小さくしていくと，しばらくは仮説が棄却されませんが，$m = 6$ において，$(M/6) \cdot p_{(6)} = (20/6) \cdot 0.07 = 0.0233 < \alpha$ となり，はじめて仮説が棄却されます．よって，$H_{(1)}, \dots, H_{(6)}$ の 6 個の仮説が棄却されます．

ところで，$m = 5$ を考えると，$(M/5) \cdot p_{(5)} = (20/5) \cdot 0.06 = 0.024 > q_{(6)}$ となり，$m = 5$ より $m = 6$ のときの方が q 値が小さくなる可能性が生まれています．この場合，アルゴリズム 2.5 の手順 3 を考えると，

$$q_{(5)} = \min\{(M/5)p_{(5)}, q_{(6)}\} = \min\{0.024, 0.0233\} = 0.0233$$

となり，直前の $q_{(6)}$ の q 値が採用されます．これにより，P 値の昇順に仮説を並べると，対応する q 値も昇順に並びます．

BH 法では，仮説間の独立性を仮定していましたが，従属してても FDR を制御できる方法が **Benjamini-Yekutieli 法 (BY 法; Benjamini-Yekutieli method)** [4] です．BH 法に比べて，棄却される仮説の数は同数未満になります．BY 法は以下で定義されます．

定義 2.15（BY 法）

$e(m) = \sum_{i=1}^{m} \frac{1}{i}$ とし，

$$h = \max\left\{ m \,\middle|\, \frac{M}{me(m)} p_{(m)} \le \alpha \right\}$$

とします．このとき $H_{(1)}, \dots, H_{(h)}$ を棄却します．

仮説数 M が十分大きい場合は，$1 + \frac{1}{2} + \cdots + \frac{1}{M} \sim \log(M) + \gamma$ (γ は

定数) より，$h = \max\{m \mid \frac{M}{m \log(M)} p_{(m)} \leq \alpha\}$ で近似できます．このとき，$\log(M)$ の項がかかることからも，BH 法に比べて棄却される仮説の数は同じか少なくなることがわかります．

2.2.8 分布推定による制御

BH 法や BY 法では，P 値の分布が一様であることを利用していました．しかし，実際の生命情報処理では，多数の仮説が棄却でき，分布に偏りが生まれている状況が考えられます．特に，遺伝子発現量の解析（2.4.2 項，2.4.3 項）においてはその傾向が顕著で，薬剤の投与などの刺激により全遺伝子の 10%程度には発現量に変化があることがあります．このように帰無仮説に従わない仮説が多く発生する状況では，P 値の分布は一様ではなく，多数の仮説が 0 付近の P 値を持つことがあります．この状況では，仮説間の独立性が担保できないので，P 値の分布を推定し，そのうえで偽陽性の制御を行うことが考えられます．

1 つの例として，**Storey and Tibshirani** による方法 [30]（**ST 法**）を紹介します．今まで同様，P 値の昇順で並べたものを $p_{(1)}, \ldots, p_{(M)}$ とします．τ を 0 から 1 の間の値とします．τ に関する関数 $\pi(\tau)$ を以下で定義します．

$$\pi(\tau) = \frac{|\{i \mid p_{(i)} > \tau\}|}{M(1 - \tau)}$$

τ を $\pi(\tau)$ が十分に収束し，一定になっているときの値（たとえば $\tau = 0.5$ など）に設定することで，帰無仮説に従う仮説に対する P 値の確率密度が推定できます．τ を 1 に近づければ，仮説が帰無仮説に従っている可能性が高いので，精度のよい確率密度が求まる可能性が高くなりますが，反面，計算に利用できるサンプル数が少なくなるので，値が安定しなくなる可能性が高まります．これらのトレードオフを解決するため，ST 法ではスプライン曲線を用いて，$\tau = 1$ のときの確率密度を推定します．

定義 2.16 (ST 法)

複数の τ における $\pi(\tau)$ を計算し，スプライン曲線で近似することで $\pi(1)$ の値を推定します．この近似値を $\hat{\pi}$ とします．

$$h = \max\left\{m \middle| \frac{\hat{\pi}M}{m} p_{(m)} \leq \alpha\right\}$$

とし，$H_{(1)}, \ldots, H_{(h)}$ を棄却します．

アルゴリズム 2.6 ST 法のアルゴリズム

1. p_i を昇順に並べ，$p_{(1)}, \ldots, p_{(M)}$ とします．
2. τ に関し，複数の点で $\pi(\tau)$ を計算します．たとえば，$\tau = 0, 0.01, 0.02, \ldots, 0.95$ で計算します．
3. $\pi(\tau)$ の値を近似した曲線を作成します．ここでは 3 次のスプライン曲線で近似し $\hat{\pi}(\tau)$ とします．
4. $\hat{\pi}(1)$ を計算します．$\hat{\pi} = \hat{\pi}(1)$ とします．
5. $p_{(M)}$ に対応する q 値 $q_{(M)}$ を以下で推定します．

$$q_{(M)} = \min_{t \geq p_{(M)}} \frac{\hat{\pi}M}{|\{i|p_i \leq t\}|} t = \hat{\pi} p_{(M)}$$

6. 順に $m = M-1, M-2, \ldots, 1$ に関して，q 値を推定します．

$$q_{(m)} = \min_{t \geq p_{(m)}} \frac{\hat{\pi}M}{|\{i|p_i \leq t\}|} t = \min\left(\frac{\hat{\pi}M}{m} p_{(m)}, q_{(m+1)}\right)$$

7. $q_i \leq \alpha$ となる H_i を棄却します．

ほかに，リサンプリングを用いる方法 [10] や 経験ベイズを用いる方法 [35] などの方法も提案されています．

2.3 無限次数多重検定法

これまで導入した多重検定補正法では，いずれも M 個の仮説が存在し，M 個中どの仮説が帰無仮説を棄却できるかを考えていました．2.3 節では，仮説間の組合せ相乗効果の可能性も考えて検定する手法を導入します．一般に，仮説間の相乗効果を網羅的に考えた場合，$2^M - 1$ 種類の検定が必要であり，現実的な計算時間で終わらない，もしくは，たとえば Bonferroni 法などを考えると，補正後の有意水準が非常に小さくなるために，有意な結果が見つからないといった問題も起こります．2.3 節では，これらの問題を克服する手法として，**無限次数多重検定法 (Limitless Arity Multiple-testing Procedure; LAMP)**[33] を導入します．さらに，LAMP は理論的に FWER の上限が α 以下になるように抑える方法ですが，リサンプリング法を用いることで，より高い検出力が期待できる FastWY 法 [32] もあわせて導入します．

2.3.1 頻出パターン列挙

LAMP では，$2^M - 1$ 個の可能性を高速に探索するために，データマイニング分野で研究されてきた**頻出パターン (frequent pattern)** 列挙アルゴリズム [17] を利用します．このため，ここではいったん検定の話を離れ，頻出パターン列挙法のアルゴリズムを導入します．

頻出パターン列挙問題とは，与えられたデータベース中に一定回数以上出現する**パターン**（pattern．日本語表記では**パタン**とも記載する）を列挙する問題であり，購買履歴情報の解析などに用いられます．**表 2.6** のようなデータを対象とし，購買履歴においては，各行が顧客，各列が商品に対応し，1 が購入したことを，0 は購入していないことを表します．表 2.6 の 1 行目は，顧客 t_1 が商品 s_2 と s_3 を購入したことに相当します．頻出パターン列挙の説明によく用いられる例として，スーパーマーケットの購買履歴を頻出パターン解析した結果「ビールとおむつ」が同時によく買われていることを発見，この結果に基づいて，ビールとおむつを互いに近いところに置くことで，購入者の買い忘れを防ぐことができ，売上の増加に貢献したといった話

表 2.6 頻出パターン列挙に用いられるデータベースの例．被験者，変異，発症の対応表．

	変異				発症
被験者	s_1	s_2	s_3	s_4	c
t_1	0	1	1	0	1
t_2	1	1	1	0	1
t_3	0	1	1	1	1
t_4	1	0	0	0	0
t_5	0	1	1	1	0
t_6	1	1	0	0	0
t_7	1	0	0	1	0
t_8	0	1	0	0	0

があります．背後にある消費者行動として，小さな子どものいる主婦が，子どものおむつと同時に旦那さんの飲むビールも購入するという内容が推定できる結果です．

GWASの例を考えましょう．表2.6の各行は被験者を，各列は変異および発症の有無を表しています．この表で変異と発症の有無は1が「あり」，0が「なし」を示しています．たとえば，被験者 t_1 は s_2 および s_3 に変異があり，発症したことを示しています．一方で t_4 は s_1 に変異がありますが，疾患にはならなかったことがわかります．頻出パターン列挙の説明では，この表の被験者と変異の関係のみに着目し，発症に関する取り扱いは2.3.2項以降で行います．

変異情報における頻出パターンとは，被験者が頻繁に有する変異の組合せになります．頻出パターン列挙の説明において，各列（商品，変異）のことを**アイテム (item)** と呼びます．本節でも用語の統一のため，各変異をアイテムと呼びます．t_1 は，アイテム s_2, s_3 を有しているといいます．さらにアイテムの集合を集合論の記載を用い $\{s_2, s_3\}$ と記し，**アイテム集合 (itemset)** と呼びます．つまり，t_1 はアイテム集合 $\{s_2, s_3\}$ を有します．さらに，アイテムを k 個有するアイテム集合を k-アイテム集合と呼びます．$\{s_1, s_2, s_3\}$ は，3-アイテム集合です．アイテム集合には，空集合や単一要素の場合も含み，$\{s_2\}$ は1-アイテム集合となります．

あるアイテム集合 I に着目したとき，I の中のアイテムをすべて有する被験者の数を**サポート (support)** といいます．サポートを $x(I)$ で表します．

たとえば，$I = \{s_1, s_2\}$ とすると，表 2.6 において s_1 も s_2 も有するのは，t_2, t_6 の 2 名なので，$x(I) = 2$ となります．この x を利用し，頻出パターン列挙問題を定義します．

定義 2.17（頻出パターン列挙問題）

あらかじめしきい値 λ を定めます．アイテム集合のデータベースが与えられたとき，$x(I) \geq \lambda$ を満たす I をすべて列挙します．

ここで，しきい値 λ は**最小サポート (minimum support)** と呼ばれます．

最小サポート $\lambda = 2$ として表 2.6 から，頻出パターンの列挙を考えましょう．1-アイテム集合 $\{s_1\}$ は，被験者 t_2, t_4, t_6, t_7 が持っているので，$x(\{s_1\}) = 4$ であり，列挙すべきアイテム集合です．2-アイテム集合 $\{s_1, s_2\}$ に着目すると，このアイテム集合を有する被験者は，t_2, t_6 の 2 人なので，$x(\{s_1, s_2\}) = 2$ となります．これは λ 以上なので，列挙すべき対象です．一方，$\{s_1, s_3\}$ を考えると，このアイテム集合は t_2 のみが有するので，$x(\{s_1, s_3\}) = 1$ であり，λ より小さいので，列挙対象から外れます．

アイテム集合に，新たなアイテム集合を追加するとサポートは同じか減少する性質があります．

性質 2.2（サポートの単調減少性）

任意のアイテム集合 I, I' に対し，$x(I) \geq x(I \cup I')$ が成立します．

I と I' の両方の変異を持つ被験者は，I の中の変異はすべて持っています．よって，$I \cup I'$ のサポートは，I のサポートよりも小さくなることがわかり，性質 2.2 が成立します．

この性質を利用すると，$x(I) < \lambda$ となるアイテム集合 I が見つかった場合，任意のアイテム集合 I' に対し，$x(I \cup I') < \lambda$ であることが保証できます．表 2.6 で，$x(\{s_1, s_3\}) = 1$ だったので，$\{s_1, s_3\}$ を含むような $\{s_1, s_3, s_4\}$ や $\{s_1, s_2, s_3, s_4\}$ はサポート 2 を上回ることがないと保証できるので，サポートを調査することなく，列挙する集合に入れなくてよいことがわかります．

図 2.5 は，$s_1, \ldots, s_4$ の 4 つのアイテム集合からなる，全アイテム集合と

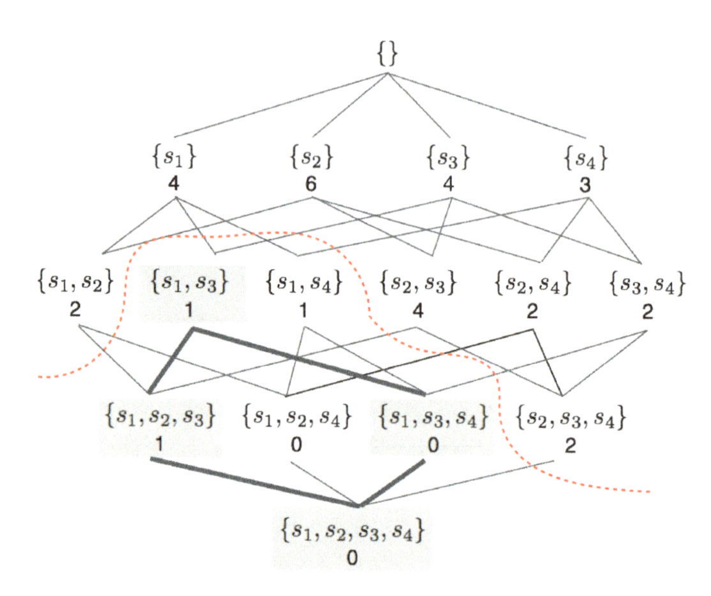

図 2.5 アイテム集合生成の様子．各アイテム集合の下に書かれた数字はサポート．

その生成方法を示します．一番上の空集合からスタートし，上から 2 段目には 1-アイテム集合，3 段目には 2-アイテム集合と順にアイテム集合を作成しています．各線は，どのアイテム集合が，どのアイテム集合の和集合から作成できるかを示しており，たとえば，$\{s_1, s_2\}$ は，$\{s_1\}$ と $\{s_2\}$ の 2 つのアイテム集合の和集合で作成できます．各アイテム集合の下に書かれた数値は，表 2.6 からアイテム集合を作成した場合のサポートです．赤の破線より上のアイテム集合が，最小サポート 2 のときの頻出パターン集合となります．

背景を灰色，つながりを太線で示したアイテム集合は，性質 2.2 を用い $x(\{s_1, s_3\}) < \lambda = 2$ から，ただちに頻出パターンではないとわかるアイテム集合です．たとえば，$\{s_1, s_2, s_3\}$ は $\{s_1, s_3\}$ を含むため，サポートが 1 以下であることがわかります．データベース中の被験者数が大きいと，対象のアイテム集合を持つ被験者の調査に時間がかかるので，この性質を利用した枝刈りの効果が高くなります．

k-アイテム集合から，$(k+1)$-アイテム集合を作成することで，効率よく λ 以上のサポートを持つ頻出パターンの列挙が可能です．ここでは，頻出パターン列挙アルゴリズムの中で，初期のアルゴリズムである **apriori** をアルゴリズム 2.7 に示します．M 個のアイテム $s_1, \ldots, s_M$ を考えます．アイテムにはあらかじめ $s_1 \prec s_2 \prec \cdots$ という順序がついているとし，アイテム集合内のアイテムは，この順序に従って，常に昇順にソートされているとします．

アルゴリズム 2.7 頻出パターンの列挙：apriori 法

1. 全 1-アイテム集合中，サポートが λ 以上のアイテム集合を列挙し $\mathcal{I}_1$ とします．つまり，$\mathcal{I}_1 = \{I \mid x(I) \geq \lambda\}$（ただし，$I = \{x\}(x = 1, \ldots, M)$）を求めます．
2. $k = 1$ とします．
3. サポートが λ 以上の k-アイテム集合の集合を $\mathcal{I}_k$ とします．$\mathcal{I}_k$ から，$(k+1)$-アイテム集合 $\mathcal{C}_{k+1}$ を作成します．

 3.1 $\mathcal{C}_{k+1} = \{\}$ とします．
 3.2 $\mathcal{I}_k$ 内の i-アイテム集合のうち，先頭 $(k-1)$-アイテムが同一の（最後の k 番目のみ違う）アイテム集合のペア I_1, I_2 を取り出し，$I' = I_1 \cup I_2$ を作成します．I' は $(k+1)$-アイテム集合になります．
 3.3 I' から，任意のアイテム 1 個を除いた k-アイテム集合がすべて $\mathcal{I}_k$ に含まれれば，I' を $\mathcal{C}_{k+1}$ に含めます．
 3.4 すべてのペアについて手順 3.2,3.3 を繰り返します．

4. $\mathcal{I}_{k+1}$ を $\{I \mid x(I) \geq \lambda \text{ for } I \in \mathcal{C}_{k+1}\}$ で求めます．つまり，$\mathcal{C}_{k+1}$ 内各アイテム集合についてサポートを求め，サポートが λ 以上のアイテム集合を，$\mathcal{I}_{k+1}$ に入れます．
5. $\mathcal{I}_{k+1}$ が空集合なら終了します．空集合でない場合 $k = k + 1$ として，手順 3 に戻ります．
6. $\mathcal{I}_1, \ldots, \mathcal{I}_k$ を合わせたものが．頻出パターンになります．

アルゴリズム 2.7 の手順 3 において，先頭 $(k-1)$ 個のアイテムが同一となる集合のみを選んでいるのは，新たなアイテム集合を作成するとき，重複して作成されるのを避けるためです．たとえば，図 2.5 において $\{s_2, s_3, s_4\}$ の作成を考えます．この部分集合である $\{s_2, s_3\}$ と $\{s_2, s_4\}$ は，$2-1=1$ 番目までのアイテム，つまり，先頭のアイテムは同一であり，最後のアイテムのみが異なるので，これらの和集合をとって $\{s_2, s_3, s_4\}$ を作成します．しかし，$\{s_2, s_3\}$ と $\{s_3, s_4\}$ は，先頭のアイテムが異なるので，これらの和集合はとりません．apriori に端を発するアルゴリズムでは，さらにデータベースを走査する回数を減らすための工夫など導入されていますが，詳細はほかの書籍（たとえば [17]）を参照してください．

2.3.2 最小サポートと P 値の下限

LAMP は，頻出パターン列挙（2.3.1 項）と Tarone 法 (2.2.5 項) を組み合わせることで，説明変数の全組合せを考慮したうえであっても，FWER の上限を保証した，多重検定補正が可能な方法です．2.3.2 項では，頻出パターン列挙と Tarone 法の接点となる，最小サポートと仮説がとり得る P 値の下限の関係を導入します．

Tarone 法（2.2.5 項）における有効な仮説と，有効ではない仮説を考えます．以下，簡単のため，フィッシャーの正確確率検定に関して述べますが，カイ 2 乗検定や Mann-Whitney U 検定に対しても，同様の計算が可能です．**表 2.7** の周辺分布 N, n, $x(I)$ が与えられたとき，フィッシャーの正確確率検定における P 値の下限 l は，式 (2.7) で表されます．表 2.7 の記載を利用し $\lambda(I)$ を変数として再掲すると，

$$l(x(I)) = \frac{\begin{pmatrix} n \\ i \end{pmatrix}\begin{pmatrix} N-n \\ x(I)-i \end{pmatrix}}{\begin{pmatrix} N \\ x(I) \end{pmatrix}}, \text{ただし } i = \min\{x(I), n\}$$

表 2.7 アイテム集合 I に対する分割表

	I を含む	含まない	
疾患あり	$y(I)$	$n - y(I)$	n
疾患なし	$x(I) - y(I)$	$N - n - x(I) + y(I)$	$N - n$
	$x = x(I)$	$N - x(I)$	N

となります．

周辺分布のうち，アイテム集合 I が変わったことで変化する値は $x(I)$ のみであり，N と n は変わりません．また，I の中に入っているアイテムの種類ではなく，I を持つ被験者数 $x(I)$ のみが計算に必要な変数となります．

性質 2.3

$l(x)$ は $x \leq n$ のとき，x について単調減少する関数です．

性質 2.3 は以下の式変形で証明できます．

証明．

$x \leq n$ であることから

$$l(x) = \frac{\begin{pmatrix} n \\ x \end{pmatrix}\begin{pmatrix} N-n \\ x-x \end{pmatrix}}{\begin{pmatrix} N \\ x \end{pmatrix}}$$
$$= \frac{n\cdots(n-x+1)}{x\cdots1} \cdot \frac{x\cdots1}{N\cdots(N-x+1)}$$
$$= \frac{n}{N} \cdot \frac{n-1}{N-1} \cdots \frac{n-x+1}{N-x+1}$$

$n \leq N$ なので，$\frac{n-x}{N-x} \leq 1$ であり，$l(x)$ は x に対し，単調減少であることがわかります． □

ここで，$x \geq 0$ において x について単調減少する関数として，以下の $f(x)$ を定義します．

$$f(x) = \begin{cases} l(x)(x \leq n\text{ のとき}) \\ l(n)(x > n\text{ のとき}) \end{cases} \tag{2.11}$$

性質 2.2 より，アイテム集合に要素が加わるにしたがって，サポートは小さくなることと，性質 2.3 から，以下の性質が成り立ちます．

性質 2.4（下限の単調性）

アイテム集合 I と I' に対して，$f(x(I)) \leq f(x(I \cup I'))$ が成り立ちます．

これより，あるしきい値 λ に対し，$f(x(I)) \geq \lambda$ となった場合，$f(x(I \cup I'))$ $\geq \lambda$ であることが保証されます．

性質 2.5（下限と最小サポート）

$f(x(I)) \leq \delta$ なる I の集合は，$f(\lambda') = \delta$ となる λ' に対し，$\lambda = \lceil \lambda' \rceil$ とすると，最小サポート λ のアイテム集合と一致します．

これは $f(x)$ が x の増加に対して単調に減少する関数であることを考えると，$f(\lambda') = \delta$ となる λ' を用意したとき，$x \geq \lambda'$ となる x は，$f(x) \leq \delta$ を満たすことから，証明できます．サポートは整数のみのため，値を丸めています．また，λ' を求める方法は自明ではありませんが，2.3.4 項で議論します．2.3.3 項では，いったんそのような λ' は計算できると仮定して，話を進めます．

2.3.3 最小サポートと FWER

2.3.2 項では，最小サポートがわかることで，周辺分布から求まる P 値の下限 $l(x)$ を求められることを示しました．各検定に対して，P 値の下限 $l(x)$ が求まると，Tarone 法（2.2.5 項）を利用することで，FWER の上限を制御することが可能になります．ここでは，最小サポートと FWER の上界の関係を導入します．

H_I を「アイテム集合 I 内の変異をすべて持つことと発症することは独立である」という帰無仮説だとします．最小サポート λ のアイテム集合を $\mathcal{I}_\lambda$，$m_\lambda = |\mathcal{I}_\lambda|$（$\mathcal{I}_\lambda$ 中に含まれるアイテム集合の数）とします．

補正後の有意水準を仮に δ' とします．Tarone 法では，まず，仮説 H_i に対する P 値の下限を l_i としたときに，$l_i \leq \delta'$ となる H_i を探すことで，有効な仮説の数を数えました．アイテム集合に関する仮説を考える場合でも同様に，H_I に対する下限 $f(x(I))$ に対し，$f(x(I)) \leq \delta'$ を満たす I を探しましょう．一般には，考えるべきアイテム集合が 2^M 個存在し，そのすべてに対して $f(x(I))$ を求めるのは不可能ですが，ここではいったん計算できたとして話を進めます．

ここで $f(\lambda) \leq \delta' < f(\lambda - 1)$ となる正の整数 λ を考えます．性質 2.5 より $\mathcal{I}_\lambda$ 内のアイテム集合は，すべて有効な仮説となります．よって H_I に対するP値を $P(I)$ とすると，全アイテム集合を $\mathcal{I}$ として

$$
\begin{aligned}
\mathrm{FWER} &\leq \sum_{I \in \mathcal{I}} \Pr\left(P(I) \leq \delta'\right) \\
&= \sum_{I \in \mathcal{I}_\lambda} \Pr\left(P(I) \leq \delta'\right) + \sum_{I \in \mathcal{I} \setminus \mathcal{I}_\lambda} \Pr\left(P(I) \leq \delta'\right) \\
&= \sum_{I \in \mathcal{I}_\lambda} \Pr\left(P(I) \leq \delta'\right) \\
&= |\mathcal{I}_\lambda| \delta' = m_\lambda \delta'
\end{aligned}
\tag{2.12}
$$

となります．$g(\delta') = m_\lambda \delta'$ とすると，$g(\delta') \leq \alpha$ を満たすことが，FWERを α 以下に抑える条件となります．

あらかじめ設定した δ' と，そこから計算されるFWERの関係を図 **2.6** に示します．縦軸はFWERの上界，区分線形の直線は式 (2.12) で求まる上界を表します．非常に小さい δ' を考えると，対応する λ は大きくなり $f(x(I)) \leq \delta'$ を満たすアイテム集合の数は，非常に少なくなります．よって $g(\delta')$ は小さくなります．この値はFWERが α を超えず，適切な制御ではありますが，非常に保守的な結果です．δ' の値を大きくすると，λ が小さくなり，$g(\delta')$ は増加することが予想されます．

$g(\delta')$ の値は図 2.6 に示す通り，連続ではありません．非常に小さな δ に対しては，対応する最小サポート λ を満たすアイテム集合はないため，$g = 0$ の直線になります．C を全アイテムの中で最大のサポートとします（簡単のため $C \leq n$ と仮定します）．$\delta' = 0$ から開始し，δ' を増加させることを考えると，$\delta' = f(C)$ となる点で $\lambda = C$ となり，$|\mathcal{I}_\lambda|$ が正の値となるので，$g(\delta')$ が正の値をとります．次に，$\delta' = f(C-1)$ となる点までは，δ' を変化させても，λ も $|\mathcal{I}_\lambda|$ も変化しないので，$g(\delta')$ には δ' に比例した増加となります．その後，$\delta' = f(C-1)$ となる点で，$\lambda = C - 1$ となり，$\mathcal{I}_\lambda$ に新たなアイテム集合が入り，傾きが変わります．図の直線の端点において白抜きは端点を

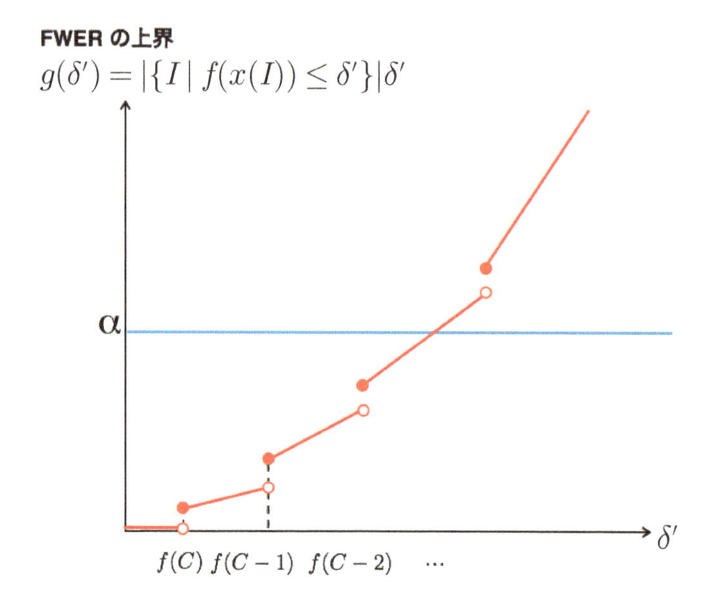

図 2.6　δ' と FWER の関係.

含まないことを，赤塗りは端点を含むことを示します.

これらの議論より，$g(\delta') \leq \alpha$ を満たすような最大の δ' を補正後の有意水準とすることで，FWER を α 未満に制御できることがわかります．2.3.4 項では，δ' の代わりに λ を動かすことで，補正後の有意水準 δ を効率よく求めるアルゴリズムを導入します.

2.3.4　探索アルゴリズム

$g(\delta') \leq \alpha$ となる範囲で最大の δ' が求まれば，その δ' が，補正後の有意水準として利用可能です．図 2.6 を考えると，δ' を少し増加させても，多くの場合は，依然として，対応する最小サポートは λ のままです．δ' に対し，λ は離散的に変化しますが，$f(\lambda-1) \leq \delta' < f(\lambda)$ の間で，対応する最小サポートに変化がないので，補正後に棄却される仮説集合にも変化がありません．そこで，δ' を変化させる代わりに λ を変化させ，$g(\delta') \leq \alpha$ を満たす δ' を求める方法を考えます．これが LAMP のアルゴリズム（アルゴリズム

2.8）となります．

アルゴリズム 2.8 LAMP のアルゴリズム

1. $\lambda = n$ とします．
2. 最小サポートが λ 以上の頻出パターンを列挙します．この集合を $\mathcal{I}_\lambda$，$m_\lambda = |\mathcal{I}_\lambda|$ とします．
3. $\delta' = f(\lambda - 1)$ を求めます．
4. $\delta' m_\lambda \leq \alpha$ なら，より大きな δ' で FWER を α 以下に抑えられる可能性があるので，$\lambda = \lambda - 1$ として手順 2 へ．それ以外は手順 5 へ進みます．
5. α / m_λ を補正後の有意水準 δ とします．$\mathcal{I}_\lambda$ の中のアイテム集合が，有効な検定に関連したアイテム集合群となります．
6. $\mathcal{I}_\lambda$ 中のアイテム集合に関して P 値を求め，δ 以下の仮説を棄却します．

アルゴリズム 2.8 の中では，x を大きい方から順に減らす手続きを行っています．ここで，λ を小さな方から探索しない理由は，λ が非常に小さいときの頻出パターン列挙では，ほぼすべてのアイテム集合，つまり約 2^M 個を列挙することになるため，現実的な時間では計算が終わらないからです．この計算を避け，結果を得るためには，λ が大きい方から探索するほうが効率がよいため，λ が大きな値から探索しています．

図 2.7 に，LAMP のしきい値の変化と列挙するアイテム集合の関係を示します．λ が大きいときには，頻出パターンで選ばれるアイテム集合は限られており，m_λ は小さくなります（図 2.7(a)）．その結果，$\delta' m_\lambda$ は非常に保守的な結果になります（図 2.7(b)）．よって，λ を小さくし，再度頻出パターン列挙を行います．すると，より多くのアイテム集合を列挙可能になるので（図 2.7(c)），その値を利用して，FWER を確認します（図 2.7(d)）．以上の操作を繰り返すことで，FWER を α 以下に制御できる最も小さな λ，つまり，最も大きな δ を求めることが可能です．

LAMP と Bonferroni 法の模式的な差を**図 2.8** に示します．Bonferroni 法

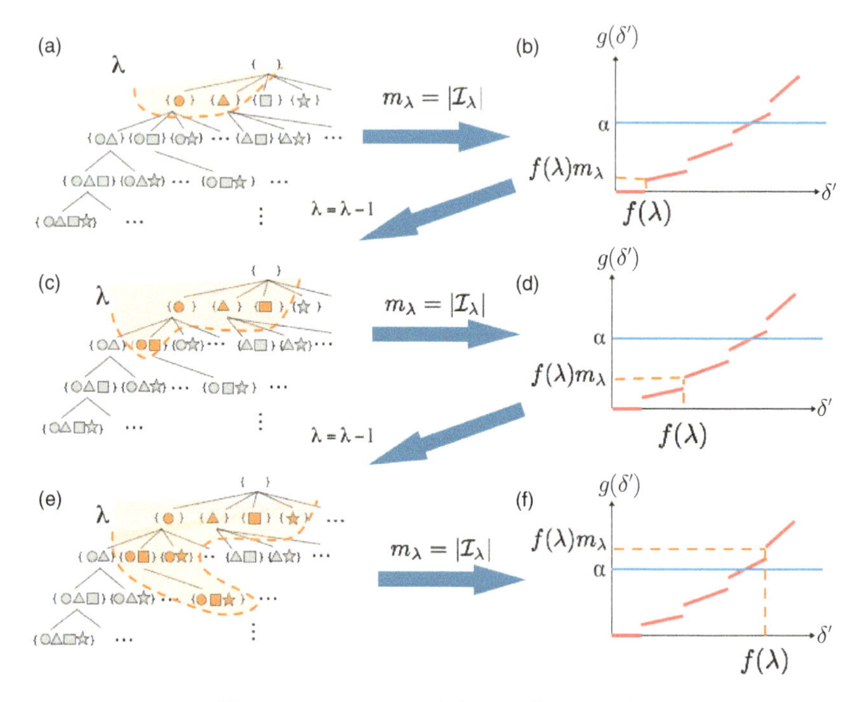

図 2.7 LAMP における探索．λ を徐々に減らす．

は，すべてのアイテム集合を多重検定の補正項に含めるべきものと考えるため，M 個のアイテムに対して，$2^M - 1$ 個の仮説を考え，これらを補正に利用します．一方，LAMP は有効な仮説のみを利用します．H_I が有効な仮説のとき，$f(x(I))$ は補正後の有意水準 δ 以下であり，有効ではない仮説のとき，$f(x(I))$ は δ より大きくなります．アイテム集合内の要素数が多くなると，サポートが小さくなるので，$f(x(I))$ が大きくなり，有効ではない仮説になります．LAMP では，Tarone 法ですべての組合せに関する計算を行った場合と同一の補正後の有意水準が求まります．

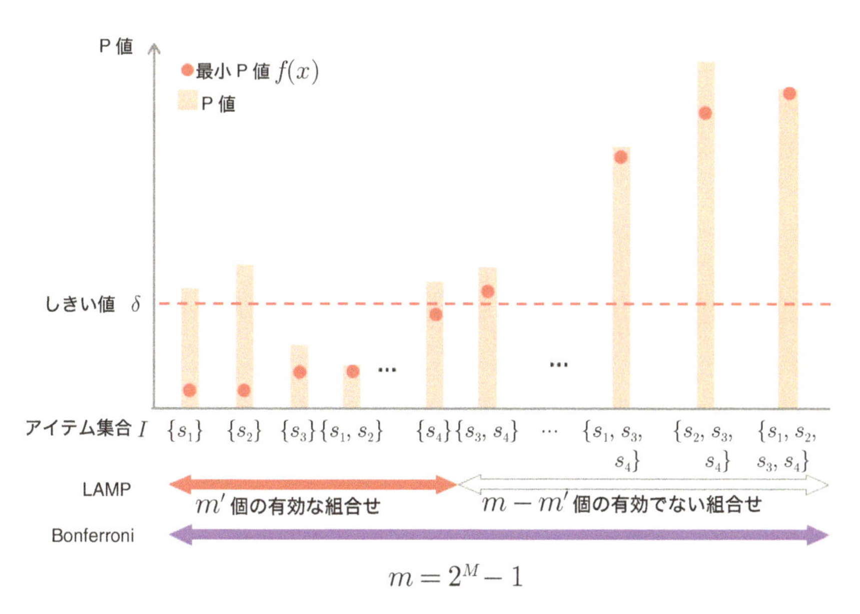

図 2.8 LAMP と Bonferroni 法の模式的な差.

2.3.5 飽和アイテム集合を利用した補正

大規模なデータベースから頻出パターン列挙を行うと，大量の解が列挙されることがあります．大量な解が列挙されたとしても，個々を見るのは容易ではなく，応用できるパターンには限界があります．列挙された解の中から，有用なものを選別するために冗長なアイテム集合を省く方法として，**飽和アイテム集合 (closed itemset)** が利用されます．飽和アイテム集合を LAMP に応用することで，FWER の上昇を α 以下に保ったまま補正後の有意水準をより大きな値にすることが可能となります．

定義 2.18（飽和アイテム集合）

アイテム集合 I' に対し，$x(I') = x(I)$ かつ，$I' \subset I$ となるアイテム集合 I が存在しない時，I' を飽和アイテム集合と呼びます．

飽和アイテム集合は，新たなアイテムを加えると，サポートが必ず小さくなるアイテム集合のことです．図 2.5 で考えると，$\{s_2, s_3\}$ は，残るアイテム s_1 や s_4 を加えると，サポートが小さくなるので，飽和アイテム集合です．しかし，$\{s_3, s_4\}$ は s_2 を加えてもサポートが 2 のまま変わりません．すなわち $\{s_3, s_4\}$ は，飽和アイテム集合ではありません．

飽和アイテム集合 J と，$x(J) = x(J')$ かつ $J \supset J'$ となる（飽和アイテム集合ではない）アイテム集合 J' を考えましょう．FWER の計算において，この 2 つのアイテム集合に着目すると

$$
\begin{aligned}
\mathrm{FWER} &\leq \Pr\left(\cup_{I \in \mathcal{I}}\{P(I) \leq \delta\}\right) \\
&= \Pr\left(\cup_{I \in \mathcal{I} \setminus \{J, J'\}}\{P(I) \leq \delta\} \cup \{P(J) \leq \delta\} \cup \{P(J') \leq \delta\}\right)
\end{aligned}
$$

ここで，J と J' の関係より，J を持つ被験者と J' を持つ被験者は同一です．つまり，J の検定と J' の検定は，従属関係にあることがわかるので，この 2 つのうち，どちらか一方のみが帰無仮説を棄却したり，棄却しなかったりすることはありません．よって，

$$
\{P(J) \leq \delta\} \cup \{P(J') \leq \delta\} = \{P(J) \leq \delta\}
$$

が成立するので，

$$
\begin{aligned}
\mathrm{FWER} &\leq \Pr\left(\cup_{I \in \mathcal{I} \setminus \{J, J'\}}\{P(I) \leq \delta\} \cup \{P(J) \leq \delta\} \cup \{P(J') \leq \delta\}\right) \\
&\leq \Pr\left(\cup_{I \in \mathcal{I} \setminus \{J, J'\}}\{P(I) \leq \delta\} \cup \{P(J) \leq \delta\}\right) \\
&= \Pr\left(\cup_{I \in \mathcal{I} \setminus \{J'\}}\{P(I) \leq \delta\}\right)
\end{aligned}
$$

となります．この議論よりアイテム集合のうち，飽和アイテム集合のみを検定に考慮すればよく，飽和アイテム集合でないアイテム集合に関しては，補正項から除けます．

2.3.6 深さ優先探索による高速化

LAMP により FWER を α 以下に制御することが可能ですが，計算速度は高速化の余地があります．特に，図 2.7(a) と (c) を比べると，図 2.7(c) で列挙されるアイテム集合は必ず図 2.7(a) でも列挙されており，冗長な計算が生じています．これは，LAMP のアルゴリズムにおいて，頻出パターンの列挙が λ ごとに独立して行われていることに起因します．この重複を防ぐために考えられる 1 つの方法は，λ による実行結果を保存しておき，その結果

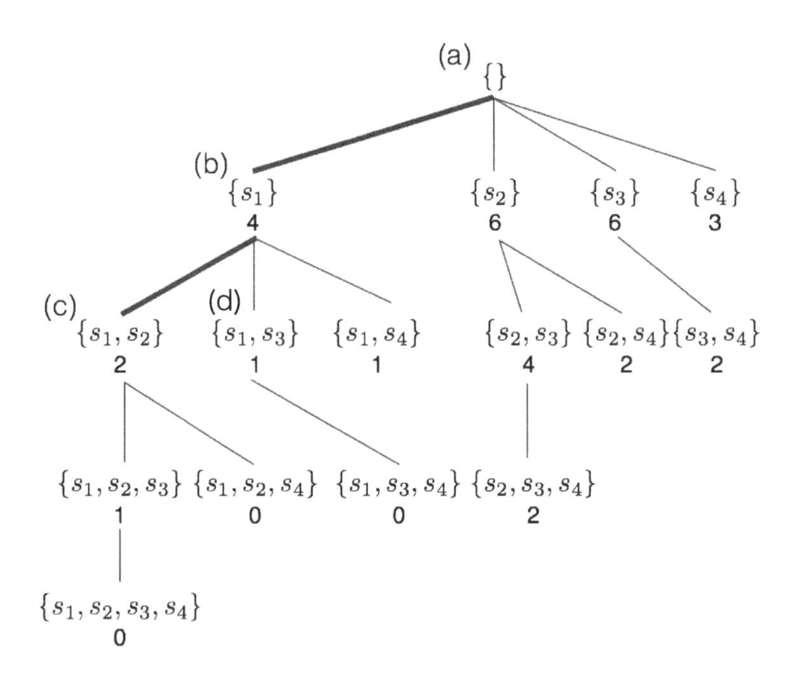

図 2.9 アイテム集合の探索木．アイテム集合の下の数字はサポート．(a)〜(d) は表 2.8 の (a)〜(d) に対応します．

をもとにして，$\lambda - 1$ を計算する，幅優先探索に類する方法が考えられます．しかし，列挙すべき集合が多くなった場合，大量の一時記憶容量を要する欠点があります．本節では，代わりに深さ優先探索による LAMP の高速化を行います [24]．

LAMP のアルゴリズムを高速化するうえで重要な点は，アルゴリズム 2.8 の手順 2 において，最小サポート λ の頻出パターンを列挙している一方で，手順 3, 4 で有意水準を求める際には，頻出パターンの数だけを利用していることです．この観察より，補正後の有意水準の導出には，個々の頻出パターン自身は必要なく，列挙されるパターン数だけが必要であることがわかります．よって，列挙される頻出パターンの数のみに着目することで，深さ優先探索を実現します．

図 2.9 に，深さ優先探索を行った場合の探索木を示します．たとえば，$\{s_2\}$

表 2.8 アイテム集合の探索中に作成する表．(a)〜(d) サポート λ とアイテム数 m_λ．それぞれ図 2.9 の (a)〜(d) の地点に対応します．(e)$f(\lambda)$ の値です．

(a)

λ	m_λ
1	0
2	0
3	0
4	0

⇒ (b)

λ	m_λ
1	1
2	1
3	1
4	1

⇒ (c)

λ	m_λ
1	2
2	2
3	1
4	1

⇒ (d)

λ	m_λ
1	4
2	2
3	1
4	1

(e)

λ	$f(\lambda)$
1	0.375
2	0.107
3	0.0179
4	0.0179

からは，s_2 を先頭のアイテムに持つ $\{s_2, s_3\}$, $\{s_2, s_4\}$ が作成されるので，$\{s_2\}$ から線が引かれていますが，$\{s_1, s_2\}$ は作成されないため，$\{s_2\}$ からの線は引かれていません．

LAMP で深さ優先探索を行う場合の問題点は，あらかじめ最適な λ がわからないため，探索途中で逐次的に最適な λ を求める必要があることです．ここで，以下の性質が有用です．

性質 2.6（探索による有効な仮説数の変化）

アイテム集合の木の探索途中で，サポートが λ 以上のアイテム集合が，m'_λ 個見つかっているとします．このとき，$f(\lambda)m'_\lambda > \alpha$ であれば，λ 以下のアイテム集合はすべて有効ではない仮説となります．

この性質は，次のようにして成立することがわかります．m'_λ 個のパターンが列挙された状態を考えると，この先，探索を進めたときに m'_λ の値は同じか大きくなります．λ に変化がなければ，$f(\lambda)$ は一定なので $f(\lambda)m_\lambda$ は単調に増加し，$f(\lambda)m_\lambda > \alpha$ のとき，$\delta = f(\lambda)$ では FWER を α 以下に制御できないことがわかります．また，性質 2.3 と式 (2.11) より，λ が小さくなると，$f(\lambda)$ は大きくなるので，λ で FWER を α 以下に制御できなければ，λ 以下でも制御できないことがわかります．

この性質を利用して，深さ優先探索で補正後の有意水準を探索します．最終的に求まる有意水準はアルゴリズム 2.8 の幅優先探索と同じになります．探索中の状態を保存するため，**表 2.8** に示すサポートとそれを満たすパターンの数を保存する表を用意し利用します．表 2.8 の (a)〜(d) は，図 2.9 の (a)〜(d) に対応しています．探索を空集合の根 (a) からスタートします．この時点でどのアイテム集合のサポートも計算されていないので，すべての値が 0 です（表 2.8(a)）．(b) に移動すると，$\{s_1\}$ のサポートが 4 だとわかるので，λ が 4 以下の項目に 1 を足します（表 2.8(b)）．次に (c) に移動すると，$\{s_1, s_2\}$ のサポートが 2 とわかるので，λ が 2 以下の項目に 1 を足します（表 2.8(c)）．さらに (d) に移動すると，サポートが 1 なので，λ が 1 以下の項目に 1 を足します（表 2.8(d)）．

次に示すアルゴリズム 2.9 は，深さ優先探索を行いながらこの表を作成し，動的に候補の λ を変化させ，LAMP で何度も行っていたアイテム集合の探索を，1 度の探索で終了することができます．

アルゴリズム 2.9　深さ優先探索 LAMP のアルゴリズム

1. $\lambda = 1$ とします．表 2.8(a) を作成し，初期化します．
2. アイテム集合の木を作成し，深さ優先探索で探索します．今，着目しているアイテム集合を I とします．もし，すべてのアイテム集合の探索が終了していたら，手順 5 へ移動します．
3. $x(I) < \lambda$ なら，I を根とする枝は探索せず，次の枝に移動して，手順 2 を実行します．$x \geq \lambda$ なら手順 4 を実行します．
4. 表 2.8 を更新し，m_λ を求めます．
5. $f(\lambda)m_\lambda \leq \alpha$ なら，λ が FWER を α 以下に抑えられるか判断できないので，手順 2 に戻り，次のアイテム集合を探索します．$f(\lambda)m_\lambda > \alpha$ なら，$f(\lambda)$ では FWER を α 以下に制御できないことがわかるので，$\lambda = \lambda + 1$ としてから，手順 2 に戻ります．
6. (手順 2 より) 補正後の有意水準 δ は α/m_λ となります．
7. 再度木を探索し，サポートが λ 以上のアイテム集合 $\mathcal{I}_\lambda$ を求めます．このアイテム集合が，有効な仮説となるアイテム集合群です．
8. $\mathcal{I}_\lambda$ 中のアイテム集合に関して，P 値を求め，δ 以下の仮説を棄却します．

表 2.6 のデータを利用し，図 2.9 に従って実際に計算をします．有意水準 $\alpha = 0.05$ とします．また，各 λ に対応する $f(\lambda)$ をあらかじめ計算しておき

ます（表 2.8(e)）．$\{s_1\}$ からはじめ，深さ優先探索でアイテム集合の木を探索します．

図 2.9(b) において，$\lambda = 1$ を考えると，$f(1) = 0.375$，$m_1 = 1$ なので，$m_1 \cdot f(1) = 0.375 > \alpha$ より，$\delta = f(1)$ では，FWER を 0.05 以下に制御できないことがわかります．よって，$\lambda \leq 1$ は，探索する必要がなくなります．$\lambda = 2$ でも，$f(2) = 0.107$，$m_2 = 1$ であり，$m_2 \cdot f(2) = 0.107 \geq 0.05$ となり，FWER を 0.05 以下に制御できません．さらに $\lambda = 3$ を考えると，$m_3 \cdot f(3) = 1 \cdot 0.0179 \leq 0.05$ であり，制御できる可能性があります．

次に図 2.9(c) にうつると，(c) のサポートが 2 であり，すでに $\lambda = 2$ では FWER を 0.05 以下に制御できないことがわかっているため，(c) を根とする枝は，有効な仮説を含みません．よって，探索を打ち切ることができます．同様に (d) を根とする枝も探索する必要はありません．

以上の操作を繰り返し，木を最後まで探索することで，FWER が制御できる最も大きな λ が求まります．ただし，この探索後，有効となる仮説がどれであるかはわからないので，最小サポート λ で，アイテム集合の列挙を行い（列挙されるものが有効な仮説），その後，各アイテム集合に対し P 値を計算することで，棄却される仮説を調べる必要があります．各アイテム集合はたかだか 2 回しか探索しないので，高速に動作することが期待できます．

2.3.7 リサンプリング法の利用

LAMP は Tarone 法と同一の回答を，仮説間の組合せを考えた場合でも探索できるようにした方法であり，理論的に FWER を制御しています．一方で，Bonferroni 法同様に，和集合の上界を利用しているため，仮説間に従属性が高い場合には，過剰に補正してしまう可能性が高くなります．特に，LAMP で考えている複数の仮説の組合せを考えた際，たとえば，類似の仮説を含む $\{s_1\}$ と $\{s_1, s_2\}$ の間では，従属性が高いことが予想されます．実際のデータにおいても，FWER が過剰に補正され，偽陰性が起こる可能性が示唆されています（2.4.1 項）．

アイテム集合間の従属性を考えたうえで，FWER の制御を行うには，Westfall-Young 法（2.2.6 項）の応用が考えられます．本項では，Westfall-Young 法を，LAMP 同様に組合せの仮説検定に用いる FastWY 法を導入します．

Westfall-Young 法は，並べ替え法により FWER の分布を求め，その下から α%点を補正後の δ とする方法です．FWER の分布は，I を全仮説集合，I_0 を帰無仮説に従う仮説集合とすると，

$$\begin{aligned} \text{FWER} &= \Pr(H_i(i \in I_0) \text{ が，1 つ以上棄却される}) \\ &= \Pr(\min_{i \in I_0} P_i \leq \delta) \leq \Pr(\min_{i \in I} P_i \leq \delta) \end{aligned} \tag{2.13}$$

であることから，各並べ替えに対して，全仮説を列挙し，その P 値の中で最小の値を利用しています．ただし，組合せを考えた場合に，すべての仮説（アイテム集合）を列挙することは容易ではないことは，先の LAMP 導入時に触れた点と同一であり，効率よく計算する方法が必要です．

FastWY 法で着目することは，ある並べ替えに対して P 値全部が必要なのではなく，P 値の最小値のみが必要であるという点です．つまり，あるアイテム集合 I' の P 値が何らかの方法で最小値をとることがないとわかるなら，I' の P 値の計算を省くことができます．この観察と，式 (2.7)(p.43) で導入した最小値 $l(x)$ を組み合わせることで高速に組合せを探索します．

アイテム集合 I と I' が与えられたとき，$x(I) \geq x(I \cup I')$ であり，$f(x(I)) \leq f(x(I \cup I'))$ であることは性質 2.4 で導入しました．アイテム集合を順に列挙しているとき，現時点までの P 値の最小値が $P_{\min}$ だとしましょう．このとき，もし $P_{\min} \leq f(x(I))$ であれば，任意の I' に対して $P_{\min} \leq f(x(I)) \leq f(x(I \cup I'))$ であることから，I および $I \cup I'$ の P 値は，$P_{\min}$ より小さくなることはありません．

以上を考えると，次のアルゴリズムによって，組合せを考えた Westfall-Young 法である FastWY 法が実現できます．ここで，あらかじめ定めた繰り返しの回数を R とします．

アルゴリズム 2.10 FastWY 法のアルゴリズム

1. $L \leftarrow \{\}$ // 最小値の保存
2. 各被験者の変異（アイテム集合）と発症の対応を，ランダムに入れ替えます．$P_{\min} = 1$ とします．
3. 図 2.9 同様のアイテム集合の木を作成し，深さ優先探索で走査します．今，着目しているアイテム集合を I とします．すべてのアイテム集合を探索したら手順 5 へ移動します．
4. $P_{\min} < f(x(I))$ なら，I および I を根とする枝の探索を中止し，手順 2 に戻ります．それ以外は，手順 5 に進みます．
5. $P(I)$ を計算し，$P(I) < P_{\min}$ なら，$P_{\min} = P(I)$ と更新します．
6. 手順 3 に戻り，I の子の探索を行います．
7. $P_{\min}$ を L に入れます．
8. 手順 2〜7 を R 回実施します．L の中で，下から $(R \cdot \alpha) + 1$ 番目の値未満の最大の値が，補正後の有意水準 δ となります．
9. 並べ替え前のデータで，δ 以下になる P 値を持つアイテム集合が棄却する仮説となります．

このアルゴリズムでは，R 回の探索が生じますが，$f(x(I))$ の計算に，疾患の有無を表すクラス情報は必要なく，そのため，手順 2 における並べ替え操作に依存せずに，再利用が可能です．

2.4 生命情報における応用

本章では GWAS データを例に，多重検定補正に関して説明を行いました．医学，薬学，農学を含む生命科学では，データの大規模採取が頻繁に行われるようになり，多重検定補正を必要とする場面は，枚挙に暇がありません．本節では，これらの分野において多重検定による偽陽性出現率の増加が問題になる代表的な事例と適用例を紹介します．

2.4.1 転写制御因子

1.4 節で導入したように，遺伝子がいつ転写・翻訳されるのかを知ることは，生物学における最も重要な課題の 1 つです．現在までに，ヒトでは 1,000 種を超える転写制御関連因子が見つかっていますが，各転写因子が細胞内の現象 1 つを制御していると仮定すると，1,000 種類の現象しか制御できません．細胞の多様な制御には，複数の転写因子が協調することが不可欠です．

これらの複雑な制御を理解するため，遺伝子発現量の変化と，シスエレメントとの関係を調査する研究がさかんに行われてきました．特にシスエレメントの組合せによる遺伝子発現制御は頻繁に調べられてきました．しかし，網羅的遺伝子発現量をもとに，統計的に調査すると，有意な発現制御の関係が見つからないことも多かったため，独自の統計量を導入することで，相乗効果の発見が試みられてきました．それに対し，2.3 節で導入した LAMP により，統計的に有意な組合せを発見することが可能になっています．モデル生物 *2 の 1 つである出芽酵母のデータに LAMP を適用した例を紹介します．

転写因子の DNA 結合部位の情報を広く調べるために，クロマチン免疫沈降法 (ChIP) という実験手法があり，利用されています．この実験を出芽酵母（酵母）で大規模に行うことで，102 種類の転写因子が，それぞれ DNA 上でどこの部位に結合する可能性があるかを観測した実験が行われ，結果が公開されています [18]．この手法では全ゲノム領域が対象となるため，遺伝子領域以外にも転写因子と DNA との結合が観測されることがありますが，それらは遺伝子の制御とは直接関わりがないか，偽陽性の可能性が高くなります．遺伝子の制御に関わっている可能性の高い部位を実験結果から絞るため，計算機実験では，各遺伝子の領域が開始する場所（転写開始点）から上流 800 塩基，下流 50 塩基 *3 の範囲に結合が存在した場合を，その遺伝子を制御する可能性があるモチーフ配列部位として選択しました．また，遺伝子の発現量として，酵母の生育温度を 25°C から 37°C に上げたときの遺伝子発現の変化量をマイクロアレイ（1.3 節参照）を用いて観測したものを用い

*2　生物学的に実験を行いやすい特徴を備え，多くの研究室で飼育が行われている生物です．代表例として出芽酵母，線虫，マウス，シロイヌナズナなどが挙げられます．

*3　遺伝子には転写される向きがあり，必ず 5′ 末端から 3′ 末端に向けて転写されます．ここの記述で上流とは 5′ 側のことを指し，下流とは 3′ 側を指します．

表 2.9 酵母の転写因子データにおける LAMP 法と Bonferroni 法の検出結果比較.

シスエレメントの組合せ	制御遺伝子数	LAMP ($\leq$ 102) 有効な仮説数 = 303	Bonferroni ($\leq$ 4) 仮説数 = 4,426,528
HSF1	69	$4.41 \cdot 10^{-24}$	$6.44 \cdot 10^{-20}$
MSN2	21	$3.73 \cdot 10^{-11}$	$5.45 \cdot 10^{-7}$
MSN4	24	0.000532	1
SKO1	6	0.00839	1
SNT2	18	0.0192	1
PHD1, SUT1, SOK2, SKN7	7	0.0272	1

ました[12]. ここでは，フィッシャーの正確確率検定を利用するため，遺伝子発現量が 25°C のときに比べ，1.5 倍以上大きくなった場合を，発現量に変化があったとみなし，それ以外は発現量に変化がないと考えました.

この実験における帰無仮説として「各遺伝子の上流にあるシスエレメント（シスエレメントの集合）の存在が発現量変化と独立である」を考えます. LAMP と Bonferroni 法を利用し，すべての結合部位の組合せに対し，帰無仮説を採択するか，棄却するかを調べました. **表 2.9** に，計算結果を示します. P 値としては，補正後の値 (Bonferroni 法では，P 値 × 仮説数 (LAMP では P 値 × 有効な仮説数)) を示してあります. LAMP は，102 個のすべての組合せから得た結果を示してありますが，Bonferoni 法では，すべての組合せを調べることはできないため，最大の組合せ数を LAMP で見つかった最大の組合せ数である 4 として計算しました.

表 2.9 に示した組合せが，LAMP で求められた帰無仮説を棄却するすべてのシスエレメント集合です. Bonferroni 法で棄却された帰無仮説は，すべて LAMP で棄却したものに含まれています. Bonferroni 法で見つかる組合せは 2 個ですが，LAMP では 6 個であり，検出力が高いことがわかります. LAMP で見つかるもののうち，1〜5 番目のシスエレメントの組合せは，いずれも単独のシスエレメントであり，複数のシスエレメントの組合せではありません. いずれのシスエレメントも，温度変化に対して作用することが知られているシスエレメントであり，Bonferroni 法による補正では見逃してしまう可能性があることが示唆されます.

最下行の結果は 4 つのシスエレメントの組合せです. 各シスエレメント単独での P 値を見た場合，*PHD1* と *SUT1* は 1，*SOK2* は 0.666，*SKN7* は

0.111 と，帰無仮説を棄却できるものはありません．しかし，4 つすべてのシスエレメントを持つような遺伝子に着目した場合には，有意な結果となります．

実際の解析を考えたとき，類似の転写因子群が多数有意になることがあります．たとえば，シスエレメント A,B があり，$\{A, B\}$ が有意である場合，A や B も有意であることが多くなります．この結果は，状況によりすべて必要であるとも考えられますし，冗長であるとも考えられます．表 2.9 の実験結果では，$\{A, B\}$ の P 値が A や B より小さい場合には，$\{A, B\}$ を残しますが，$\{A, B\}$ の P 値が A や B より大きい場合には $\{A, B\}$ は A もしくは B の効果による有意性と判断して，$\{A, B\}$ を削除することができます．このようにする理由は一般には，2.3.1 項で述べた性質 2.2(p.59) より，組合せをとると，関連する遺伝子が減るため，検定の検出力が減少し，有意な結果が現れにくくなるためです．これに反し，組合せをとることで P 値が減少する結果は，偶発的には非常に起こりにくいものであるため意味のある組合せを考えることができます．

LAMP による補正は，和集合の上界を利用しているため，仮説間に依存性がある場合，依然として過剰な補正をしている可能性が高くなります．表 2.9 の転写因子データを利用し，Westfall-Young 法 (2.2.6 項) と同様の並べ替え法を用いて近似的な FWER を計算します．並べ替えを独立に 1,000 回行った結果，LAMP では 1,000 回中 13 回，Bonferroni 法では 1,000 回中 0 回，補正後の有意水準を下回る結果が得られました．よって，FWER は LAMP で 0.013，Bonferroni 法で 0.000 以下と考えられます．FWER は 0.05 以下になるように理論的に制御しているため，いずれの方法でも確かに FWER が制御できていることがわかります．一方で，特に Bonferroni 法では，1,000 回の帰無仮説に従った実験で 1 度も偽陽性が現れないほど，非常に厳しい水準まで，過剰に制御され，偽陰性が現れている可能性が高くなります．LAMP では，Bonferroni 法の結果に比べれば，十分補正後の有意水準が大きく，この手法の効果がわかります．しかし，本来制御すべき FWER の水準より，まだ過剰に制御されている可能性が高くなっています．この問題は 2.3.7 項で導入した，FastWY 法によって解消されますが，実行時間も増大するため，許容される計算時間と偽陽性率，偽陰性量の間で使い分けが必要となります．

2.4.2 遺伝子発現変動

遺伝子のゲノム網羅的な発現量の観測は，1.3 節で導入した通り，広く利用される技術になっています．遺伝子の発現量は通常複数回の複製実験を行い，その結果を用いて解析を行います．たとえば，投薬前と後で，遺伝子発現量に統計的に有意な変化がある遺伝子群を得たい場合には，投薬前に C_{b} 回，投薬後に C_{a} 回の発現量観測を行ったうえで，各遺伝子に関して「投薬前後の発現量の平均には差がない」といった帰無仮説を用意して検定します．RNA-seq の場合は，高発現の遺伝子ではポアソン分布を仮定した場合より，分散が大きくなる過分散の起こる傾向があることが知られており，一般に負の二項分布を用いた検定が実施されます．

この検定においては，遺伝子数と同数の検定が同時に行われる多重性が存在するため，多重検定補正を実施する必要があります．遺伝子発現変動の解析では，一般に FDR を制御する手法を用いた多重検定補正が行われています．FWER が用いられない原因として，実験計画として，一部の遺伝子には有意な差があると考えられることや，帰無仮説を棄却したものがすべて正しい必要はなく，一部に間違いを含むとしても，差のある遺伝子の一覧がほしいという利用者の考えもあります．この条件下では，FWER の帰無仮説は厳し過ぎますので，FDR を利用することが一般的です．

2.2.8 項で導入した ST 法は遺伝子発現量に差のある遺伝子群を抽出することを目的として開発された方法でした．このように，FDR は発現量解析とは相性がよい方法となっています．

2.4.3 遺伝子群に対する機能解析

2.4.2 項では，遺伝子発現変動の検出における多重検定を紹介しましたが，ここでは，変動した遺伝子に対して関連する遺伝子機能を発見する問題を導入します．発現変動は投薬前後のような 2 群間の比較を考えていましたが，それ以外にも，継時的に観測されたデータに対し，クラスタリングを実行して発現変化パターンが類似している遺伝子群を発見する解析も行われます．いずれの解析でも，その後「発現差のあったクラスタに属する遺伝子の機能の相違」，あるいは，「各クラスタ内の遺伝子群の機能の共通性」を発見することで，遺伝子群の挙動から，細胞内の変化を推定する解析が行われています．

ここで遺伝子の機能の共通性を発見するということは，つまり，ある着目した遺伝子群の中には非常に関連しているが，ほかの遺伝子群にはほとんど関連していない遺伝子の機能です．検定としては，「全遺伝子群から着目した遺伝子群を抽出したときに，抽出された遺伝子群と，遺伝子が機能 A と関連していることは，独立である」という帰無仮説を考えます．関連している機能の候補は 1 つではなく，様々な機能に関して関連を調査しなければなりませんので，検定の多重性の問題が発生します．

各遺伝子に対する機能を示したデータベースとしてパスウエイ（1.7 節）のデータベースである **Kyoto Encyclopedia Genes and Genomes (KEGG)** や，遺伝子機能のデータベースである**遺伝子オントロジー (Gene Ontology; GO)** が利用されます．ここでは，遺伝子解析で頻繁に利用され，多重検定補正が問題となる GO を紹介します．

GO は生物学的な用語のオントロジーです．オントロジーとは用語の定義を表す一形式であり，用語間の関係を**非循環有向グラフ (directed acyclic graph; DAG)** で表します．用語のことをタームと呼び，ターム間がラベルつき有向グラフで結ばれます．有向辺の始点のタームは，終点のタームの親と呼ばれ，親の方がより上位の（大きな）概念を示しています．概念の関係の詳細は，辺に付与されたラベルで示すことができます．一般的なオントロジーでは，たとえば「四角」の子タームとして「長方形」「平行四辺形」などが配置されます．これは「長方形」や「平行四辺形」は「四角」という概念に内包されるためです．実際，長方形は四角に各頂点の角度が 90 度である制約を導入したものですし，平行四辺形は，向かいの辺の長さを同一にする制約が加わったものです．

GO では，生物学的な用語をオントロジーの形式で表現しています．図 **2.10** に，GO の模式的な例を示します．ターム間には親子関係がありますが，1 対 1 である必要はありません．この例では “Cell growth and/or maintenance” の子タームとして，“Cell-cell fusion” と “Metabolism” の 2 つが存在しますし，“Pheromone processing” は “Mating” と “Protein processing” の 2 つを親に持ちます．2 つの親を持つタームは，その親タームの両方の機能が同時に関連することを示しています．また，Protein processing と Pheromone processing の右に書いた遺伝子群は，それぞれのタームに紐づいている遺伝子群を示しています（ここでは例として酵母の遺伝子群を挙げ

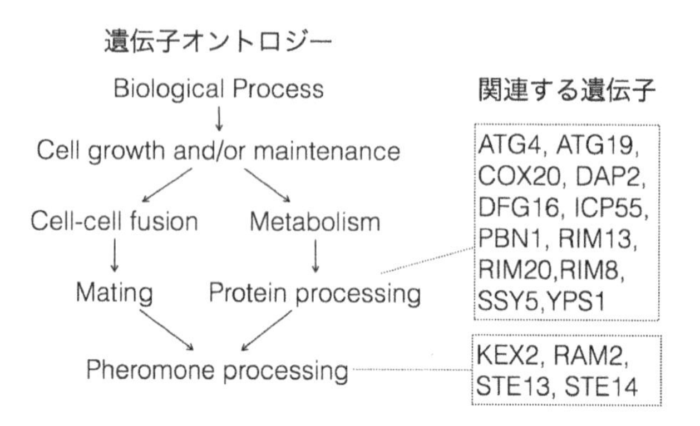

図 2.10 遺伝子オントロジーの例.

ます). 遺伝子は可能な範囲で最も下の階層に紐づけられます. つまり, Protein processing に紐づいている遺伝子 ATG4 は, Pheromone processing には関与していないか, 関与しているかどうか現時点で不明であることを示しています. 一方, Pheromone processing に紐づく KEX2 は, タームの親子関係から, Protein processing と Mating に同時に関与しています. 深い階層に関連づいた遺伝子ほど, より詳細な機能が知られていることになります.

GO は Gene Ontology Consortium がメンテナンスをしており, 2015 年 5 月時点で 4 万を超えるタームが登録され, 多くの研究で利用されています. GO の特徴は, 用語のオントロジーは基本的に種に依存せず, どの種であっても共通のオントロジーを利用していることです. これにより種間比較が可能になっています. そして, オントロジーとは独立に, 各種について遺伝子がどの機能に関連しているか, 遺伝子と GO タームの間の関連づけが構築されています.

遺伝子と GO タームの関連づけがあることで, 遺伝子発現解析においてクラスタリングなどで求めた遺伝子群に対して, その遺伝子群に有意に関連した機能を列挙することが可能となります. 調査する GO タームが M 種類あるとして, M 回「着目した遺伝子群は着目した GO タームとは独立である」という帰無仮説のもと検定を行います. このとき, 帰無仮説が棄却されれば, 着目した遺伝子群はその機能に関係があると考えられます.

検定の方法として, フィッシャーの正確確率検定同様の超幾何分布を利用した検定が行われています．全遺伝子数を N とし，今対象とする機能を有する遺伝子が n 遺伝子，発現量解析により着目している遺伝子（特定のクラスタに属する遺伝子など）が X 遺伝子，さらに，その機能を有し，かつ着目遺伝子群に含まれる遺伝子が x 遺伝子だったとします．この状況は n 個が赤，$N-n$ 個が青の計 N 個の球が箱の中に存在するとき，X 個の球を非復元抽出し，x 個が赤，$X-x$ 個が青が出た場合と同じです．X 回の抽出に対し，x 回赤が出た場合の確率は，

$$\frac{\binom{X}{x}\binom{N-X}{n-x}}{\binom{N}{n}}$$

で表されます．よって，x 回以上現れる確率を考え，

$$P=\sum_{i=x}^{X}\frac{\binom{X}{i}\binom{N-X}{n-i}}{\binom{N}{n}}$$

で P 値が与えられます．この実験を GO タームごとに行うため，GO ターム数と同数の多重性が発生します．

多重検定補正としては，遺伝子発現変動の時と同様，多くの機能との関連づけを行う目的から，FDR による補正が多く用いられますが，解析によっては関連する機能に対して偽陽性をあまり許したくない場合もあり，その際には FWER による補正も行われます．ただ，GO ターム間が DAG で関連づけられていることからも推察できる通り，親子関係にあるターム間には強い従属性，つまり，仮説同士が独立でない状況が多数発生しています．このような状況では多くの多重検定補正法は，過剰な補正となっている可能性が高いため，Westfall-Young 法などを利用した方がより多くの検出が可能だと考えられます．

また，仮説数として全 GO タームを使うことは過剰であることから，多重検定補正の補正項を現実的な水準まで引き上げる工夫が行われています．一例として，関連する遺伝子がないターム（$X=0$ となるターム）は補正項から除く方法があります．当初は，経験的な工夫として導入されましたが，FWER を制御する場合には 2.2.5 項で導入した Tarone 法により理論的な保証を得ることが可能です．しかし，この方法でもターム間親子関係から来る重複の多さから，過剰に FWER の上限が制御される可能性があります．そ

のため，別のアプローチとして，ランダムに選択したタームのP値からP値の分布を推定し，下位α%を棄却するなどの，モンテカルロ検定法に近い工夫が行われています．異なるアプローチとして実験の状況を限定したうえで，より有意なタームを発見する工夫を行った，**Gene Set Enrichment Analysis** (**GSEA**) があり，広く利用されています．

2.4.4 脳機能解析

脳機能解析も多重検定補正が行われる分野です．脳の活動状態を観測する **functional MRI** (**fMRI**) や **positron emission tomography**(**PET**) においては，fMRIでは脳の中を1mm角に，PETでは3mm角程度に区切った各領域（ボクセル）に関して，活動量を計測することが可能です．いずれの場合でも，異なる実験環境下で，どこのボクセルの活動量が異なるかを調べることが目的となります．この場合，調査するボクセル分の多重性が発生しますので，多重検定補正を行う必要があります．FWERもFDRも利用されています．

Chapter 3

推定量設計の理論と方法

生命情報処理（バイオインフォマティクス）においては，対象となる生物学の問題をある種の推定問題として定式化し，その問題を解くための方法論（推定方法やアルゴリズムなど）を構築することがしばしば行われます．本章では，配列アラインメント，RNAの2次構造予測，系統樹トポロジーの推定の3種類の古典的なバイオインフォマティクスの問題を，抽象的な問題設定の下で統一的に取り扱い，その推定量を設計するための方法について解説をします．またその際に，最適解の確率が極めて小さくなるという「解の不確実性」が本質的な問題となることを説明し，これを軽減するためのいくつかの一般的なアプローチを紹介します．本章では，予備知識は最小限とし，可能な限り自己完結的な記述を心掛けました．そのために，詳細について付録に回したものも多いので必要に応じて参照してください．本章で述べる考え方自体は，本章で対象とする3つのバイオインフォマティクスの問題に限らず適用できる普遍的なものです．

3.1　バイオインフォマティクスにおける推定問題

バイオインフォマティクス（**bioinformatics**，生命情報処理，生命情報科学，生物情報科学）においては，DNA，RNA，タンパク質などの**生物配列 (biological sequences)** が中心的な話題の1つであり，これらの生物配列を情報科学的に取り扱うバイオインフォマティクスの一分野は**配列解析 (sequence analysis)** と呼ばれ古くから研究がなされています．生物配列は，最も抽象化した場合，ある種の文字列と考えられます．たとえば，DNA 配列は A（アデニン），G（グアニン），C（シトシン），T（チミン）の 4 種類の文字から構成される文字列であり，RNA 配列はチミン T がウラシル U と置き換わった文字列です．同様に，タンパク質配列は 20 種類のアミノ酸から構成される文字列と考えることができます（第 1 章）．

近年，**次世代シークエンサー (next genration sequencer; NGS)** や**質量分析器 (mass spectrometry)** などの実験・測定技術の急速な進歩により，DNA の全体像であるゲノム，RNA の全体像であるトランスクリプトーム (transcriptome)，タンパク質の全体像であるプロテオーム (proteome) などが, 様々な生物種，細胞種（がん細胞など），条件下（ストレスなど）で明らかにされてきています [27]．また，シークエンサーが産出する**リード配列 (read sequence)** は，比較的短い大量の配列断片であり，このような配列断片を効果的･効率的に取り扱うための配列解析技術の要求も高まっています．

DNA などの生物配列同士が，どの程度「似ているか」を定量的に評価することは，**保存度 (conservation)** による機能解析や**系統解析 (phylogenetic analysis)** などの広範な応用が存在し，バイオインフォマティクスにおける基本的な問題です．なぜならば，類似した配列は類似した機能を持つことが期待されるためです *1．そのために重要となるのが，**配列アラインメント (sequence alignment)** です（**図 3.1**）．配列アラインメントは，ギャップと呼ばれる特殊な文字 '–' を適宜挿入することにより進化的に関連のある文字の対応関係をとる（整列させる）と同時に配列の類似性に対する何らかのスコアを出力する問題です．シークエンサーから産出されるリード配列がゲノムのどの位置の断片であるかを調べる問題（マッピング問題）も基本的にはアラインメントの問題と考えることができます．

また，古典的な分子生物学においては，転移 RNA(transfer RNA, tRNA) やリボソーマル RNA(ribosomal RNA, rRNA) などの一部の RNA を除いては，RNA は DNA から遺伝情報が転写されタンパク質に翻訳される中間産物（すなわちメッセンジャー RNA, mRNA）であると考えられてきまし

*1 これは必ずしも成立しないこともあります．たとえば，後述する RNA では，配列の類似性だけでなく 2 次構造の類似性が機能と関連していることが知られています．

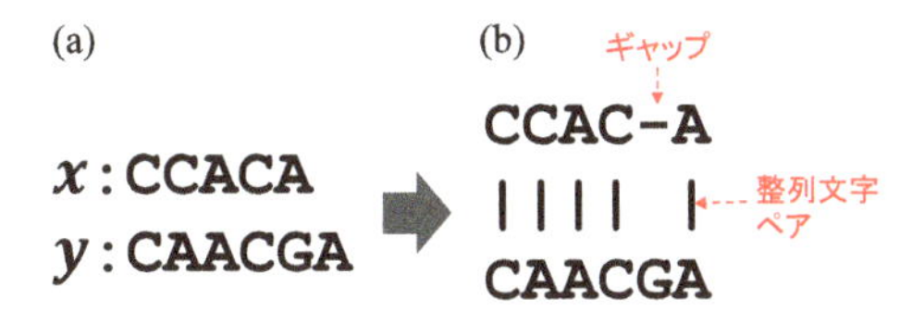

図 3.1　配列ペアワイズアラインメントの例．入力 (a) は 2 本の生物配列 (x と y)，出力 (b) はギャップ ('-') と呼ばれる特殊な文字を挿入することにより，関連のある文字ペアを対応させた（整列させた）アラインメントです．定義 3.1 で正式な定義を行います．

た．しかしながら，近年の研究により，タンパク質に翻訳されずに RNA それ自身が細胞内で活性を持ち機能を有する（たとえば遺伝子の発現制御を行う），**機能性 RNA**(**functional RNA**) が数多く存在していることが明らかになってきています [29]．機能性 RNA 研究は，現在の生物学研究において非常にホットな研究分野の 1 つです．これら機能性 RNA の多くは配列だけではなく，その高次構造 (2 次構造, 3 次構造，複合体立体構造）と機能が密接に関連していることが示唆されており，RNA の **2 次構造予測** (**secondary structure prediction**) や立体構造の予測手法など，RNA に関わるバイオインフォマティクス技術も重要となってきています [28]．

本章では，配列解析の基本的な問題である，配列アラインメント（図 3.1）と RNA の 2 次構造予測（図 **3.2**）の 2 つの推定問題を並列に取り扱います．

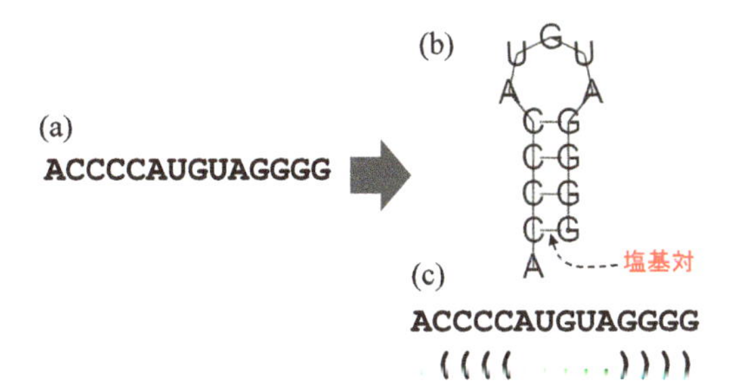

図 3.2　RNA の 2 次構造予測の例．入力 (a) は RNA 配列，出力 (b,c) は入力配列の 2 次構造．2 次構造は塩基対のいくつかの条件を満たす集合として定義されます．(b) は 2 次構造のグラフィカルな表示，(c) は塩基対のテキストによる表示です．定義 3.2 で RNA2 次構造の正式な定義を行います．

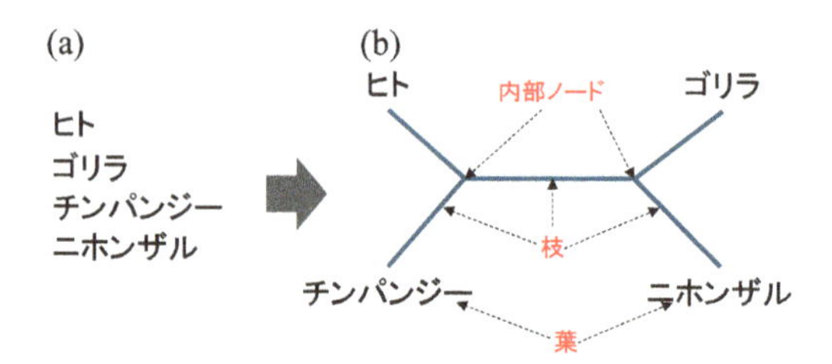

図 3.3 系統樹のトポロジー推定の例．入力 (a) は遺伝子や生物種の集合（通常は特定の配列の集合），出力 (b) は入力の進化の関係を示した樹形図です．本章では，枝の長さ（枝長）は考えずに系統樹の形（トポロジー）にのみ注目します．さらに，根 (root) が存在しない無根系統樹を考えます．定義 3.3 で系統樹トポロジーの正式な定義を行います．

さらに，与えられた生物種の集合を樹形図として分類を行う**系統樹のトポロジー推定 (phylogenetic topology estimation)** の問題（図 **3.3**）についても一部取り扱います．次節以降では，これらの問題を包含する一般的な問題を考え，推定量設計のための方法論を導入します．さらに，これらの問題に共通して内在する，推定した解の確率が極めて小さくなってしまうという「**解の不確実性 (uncertainty of solution)**」の問題とその対処法に関しても説明を行います．

3.2 記法，記号

本章でしばしば使われる記法および記号について以下にまとめます．

$\mathbb{N}, \mathbb{Z}, \mathbb{R}$ で，それぞれ，自然数，整数，実数の集合を表すものとします．

集合 X 上で定義がされている関数 $f(x)$ に対して，$\max_{x\in X} f(x)$ で $f(x)$ の最大値を返すとします [*2]．一方，$\arg\max_{x\in X} f(x)$ で，$f(x)$ が最大となる $x \in X$ （の 1 つ）を返すものとします [*3]．

離散確率変数 X 上の確率分布 $p(x)$ と X 上の関数 $f(x)$ に対して，f の期待値を $E_{p(x)}[f(x)](=\sum_{x\in X} f(x)p(x))$ と表記することにします．確率分布が明らかな場合には，省略して，$E[f(x)]$ と表記することもあります．

---

*2 $\max\{f(x)|x \in X\}$ も同じ意味で用います．

*3 このような x は複数存在する可能性がありますが，本章ではそのうち 1 つの x を返すものとします．

x を生物配列としたときに，$|x|$ で配列 x の長さを，$i \in [1, |x|] \cap \mathbb{N}$ に対して x の i 番目の文字を x_i で表します．また，Ω で生物配列を構成する文字の集合を表すとします．たとえば，DNA 配列の場合，$\Omega = \{\mathtt{A}, \mathtt{T}, \mathtt{G}, \mathtt{C}\}$ です．$1 \leq i \leq j \leq |x|$ に対して，$x[i, j]$ で x_i から開始して x_j で終了する x の部分配列を表すとします．定義より $x[i, i] = x_i$，$x[1, |x|] = x$ です．また $i > j$ に対しては，$x[i, j]$ はヌル配列（空集合）を表すものとします．

I（条件）は，「条件」が真ならば 1 を，偽ならば 0 を返す**指示関数 (indicator function)** であるとします．たとえば，バイナリ変数 $b \in \{0, 1\}$ に対して，$I(b = 1)$ は b が 1 に等しいときに 1 を，b が 0 に等しいときに 0 を返すものとします．

2 つの長さが等しいバイナリベクトル $\alpha, \beta \in \{0, 1\}^n$ に対して，**ハミング距離 (Hamming distance)** を $H(\alpha, \beta) = \sum_{i=1}^{n} I(\alpha_i \neq \beta_i)$ で定義します [*4]．また，**デルタ関数 (delta function)** を $\delta(\alpha, \beta) = \prod_{i=1}^{n} I(\alpha_i = \beta_i)$ と定義します [*5]．

$g(n) \in O(f(n))$ とは，正の定数 c, n_0 が存在して $n_0 \leq n$ となる任意の n に対して $g(n) \leq c \cdot f(n)$ であることと定義します．これは，漸近的（n が十分大きいとき）には，f が g の**上界 (upper bound)** となることを意味します．この表記は，アルゴリズムの計算時間，必要なメモリ量 [*6] の評価を行う場合にしばしば利用されます．たとえば，問題サイズ n に対して計算時間（時間計算量）$f(n)$ が $f(n) \in O(n)$ であるアルゴリズムは「線形」オーダーのアルゴリズム，$f(n) \in O(2^n)$ のアルゴリズムは「指数」オーダーのアルゴリズムと呼ばれます．これらの表記は変数が複数の場合にも利用します（たとえば n, m に対して $O(nm)$ などの表記を利用します）．さらに，$f(n) \sim g(n)$ で $\lim_{n \to \infty} \frac{f(n)}{g(n)} = 1$ を表すこととします．これは n が大きいときに $f(n)$ は $g(n)$ で近似できることを意味します．

---

*4　すなわち，α と β の間で値が異なる要素の数となります．

*5　すなわち，α と β が完全に一致する場合に 1，それ以外に 0 を返す関数です．

*6　それぞれ，**時間計算量**，**空間計算量**と呼ばれます．

3.3 本章で取り扱う推定問題の定式化

本節では最初に本章で取り扱う問題の一般形を導入した後に，実際に具体的な問題の説明を行います [*7]．

3.3.1 一般形

本章で取り扱うバイオインフォマティクスの推定問題を最も一般的な形式で記述すると以下となります．

問題 3.1（バイナリ空間上の点推定問題）

n 次元**バイナリ空間** (**binary space**) の部分空間 $\mathcal{B} \subset \{0,1\}^n$ から 1 点 $\tau \in \mathcal{B}$ を**点推定** (**point estimation**) しなさい．

本章では，$\mathcal{B}$ を**解空間** (**solution space**) と呼ぶことにします．解空間は，その名の通り，解の候補をすべて含んだ空間で，一般的には，各次元に対して自由に 0 または 1 の値をとれるわけではなく，いくつかの条件（制約）を満たす必要があります．以下で説明する通り，本章で取り扱う 3 つの問題（配列ペアワイズアラインメント，RNA の 2 次構造予測，系統樹トポロジー推定）は，問題 3.1 として記述することが可能となります．いい換えれば，ペアワイズアラインメント，RNA の 2 次構造，系統樹トポロジーはいずれもバイナリ変数だけで表現することが可能となります（後の補題 3.9(p.138) である種の共通の「構造」を持つことも説明します）．さらに，後の 3.4 節では解空間 $\mathcal{B}$ の大きさ $|\mathcal{B}|$ が問題サイズに応じて指数関数的に増加することを示します．

3.3.2 ペアワイズアラインメント

生物配列の関連する文字の対応関係を明らかにすることは，**配列アラインメント** (**sequence alignment**) と呼ばれます（図 3.1）．3.1 節でも述べた

---

*7 3.3.1 節は抽象的ですが，その後の具体例と合わせて理解するとよいと思います．

通り，配列アラインメントはバイオインフォマティクス，特に，配列解析における基本的かつ重要な問題の 1 つであり，古くから多くの研究がなされています．

配列アラインメントにはいくつかの種類が存在します．第 1 に，アラインメントする *8 配列の数に応じた種類分けとして，2 本の配列のアラインメントは**ペアワイズアラインメント (pairwise alignment)**，3 本以上の配列のアラインメントは**多重アラインメント (multiple alignment)** と呼ばれます．本書では，多重アラインメントに関しては触れませんが，多重アラインメントにおいてもペアワイズアラインメントがその基礎となります．第 2 に，与えられた配列の全長をアラインメントする**大域アラインメント (global alignment)** と配列の一部だけをアラインメントする**局所アラインメント (local alignment)** の 2 つの種類が存在します（図 **3.4**）*9．以降では，大域ペアワイズアラインメントに絞って説明を行い，局所ペアワイズアラインメントに関しては，付録 A.2 で説明を行います．

ペアワイズアラインメントを数学的に定義するにはどのようにすればよいでしょうか．ペアワイズアラインメントは，次に定義される通り，2 つの生物配列 x と y の任意の文字のペアが，「整列されている (1)」または「整列されていない (0)」を指定するバイナリ変数を導入することにより，バイナリ行列として表現することが可能となります（図 **3.5**）．

```
(a) 大域アラインメント      (b) 局所アラインメント

CCAC-ACCTTC          *****CCAC-ACCTTC*****
|||| || |||               |||| || |||
CAACGAC-TAC          *****CAACGAC-TAC*****
```

図 3.4 (a) 大域 (global) アラインメントと (b) 局所 (local) アラインメント．(b) のアスタリスク (★) の部分は文字の対応関係がとられている必要はありません．

---

*8 入力配列群から配列アラインメントを得ることを「アラインメントする」といいます．

*9 これ以外にも**半大域 (semi-global)** アラインメントなどもありますが本書では割愛します．

(a)

```
  1234-5
x:CCAC-A
  |||| |
y:CAACGA
  123456
```

(b)

$$
\begin{array}{c} \\ 1 \\ 2 \\ 3 \\ 4 \\ 5 \end{array}
\begin{array}{c} \begin{array}{cccccc} 1 & 2 & 3 & 4 & 5 & 6 \end{array} \\
\begin{pmatrix} 1 & 0 & 0 & 0 & 0 & 0 \\ 0 & 1 & 0 & 0 & 0 & 0 \\ 0 & 0 & 1 & 0 & 0 & 0 \\ 0 & 0 & 0 & 1 & 0 & 0 \\ 0 & 0 & 0 & 0 & 0 & 1 \end{pmatrix} \end{array}
$$

図 3.5　ペアワイズアラインメント (a) のバイナリ行列 (b) による表現．たとえば，x_5 と y_6 が整列されていることは，行列の $(5,6)$ 成分が 1 であることに対応しています．また，y_5 がギャップ (-) と整列していることは，5 列目がすべて 0 であることに対応します．

定義 3.1（ペアワイズアラインメントのバイナリ行列による表現）

2 つの生物配列 x（長さが n）と y（長さが m）の**ペアワイズアラインメント (pairwise alignment)** は，各要素がバイナリ値から構成される $n \times m$ 行列 $\theta = \{\theta_{ij}\}_{1 \le i \le n; 1 \le j \le m}$ で以下のすべての条件（制約）を満たすものと定義されます．

1. すべての整数 $i \in [1, n] \cap \mathbb{N}$ に対して $\sum_{j=1}^{m} \theta_{ij} \le 1$ を満たす．
2. すべての整数 $j \in [1, m] \cap \mathbb{N}$ に対して $\sum_{i=1}^{n} \theta_{ij} \le 1$ を満たす．
3. $1 \le i < k \le n$ かつ $1 \le l < j \le m$ である任意の整数の組 (i, j, k, l) に対して $\theta_{ij} + \theta_{kl} \le 1$ を満たす．

本章では，この表現による x, y の可能なすべてのペアワイズアラインメント θ の集合を $\mathcal{A}(x, y)$ と表記することにします．

上記の定義で，変数 $\theta_{ij} \in \{0, 1\}$ は

$$
\theta_{ij} = \begin{cases} 1 & x_i \text{ と } y_j \text{ が整列している} \\ 0 & \text{それ以外} \end{cases}
$$

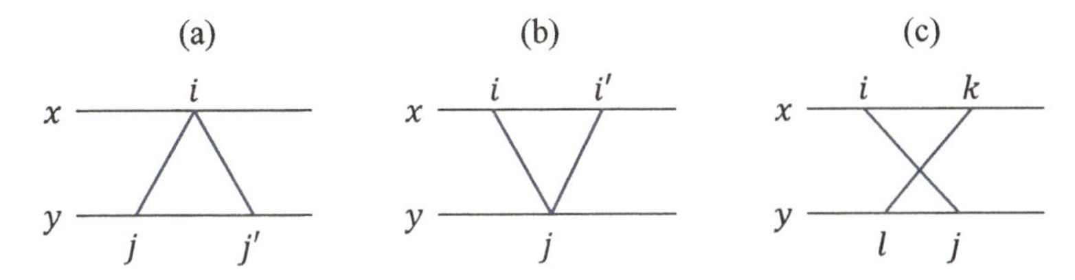

図 3.6 ペアワイズアラインメントの条件．青線を整列する文字ペアとすると，(a),(b),(c) いずれの場合においても 2 つの青線が共存することは禁止されます．(a) が定義 3.1 の条件 1, (b) が条件 2, (c) が条件 3 に違反します．

を表します（図 3.5）．これより，たとえば $\sum_j \theta_{ij} = 0$ となる x_i は，配列中のいずれの文字とも対応していないことがわかりますので，これらの文字は**ギャップ** (**gap**) と呼ばれる特殊な文字 '–' と対応させます．条件 1 は，x の各位置が y のたかだか 1 つの位置としか整列されないことを表しています（図 **3.6**(a),(b)）．また，条件 3 は，x と y の整列する文字ペアの前後が入れ替わらないことを表しています（図 3.6(c)）．

定義 3.1 を用いると，ペアワイズアラインメントの問題は問題 3.1 の形で次のように記述できます．

問題 3.2（ペアワイズアラインメント）

2 本の生物配列 x（長さ n），y（長さ m）が与えられた際に，$\mathcal{A}(x,y)$ から 1 点 τ を予測（点推定）せよ．

3.3.3 RNA の 2 次構造予測

RNA の 2 次構造予測（図 3.2, p.87）は，配列アラインメントとともに古典的なバイオインフォマティクスの問題の 1 つです．前述の通り，近年，機能性 RNA と呼ばれる，タンパク質に翻訳されずにそれ自身が細胞内で様々な活性を持つ RNA が多数発見されてきています．機能性 RNA は，配列だけでなく構造がその機能と密接に関連していることが示唆されていますが，実験的に RNA の構造を決定することは，多大な時間・コストを要するため，計算機による RNA の構造予測の重要性が以前より増しています．

RNA の 2 次構造は，**塩基対** (**base-pair**) の集合として定義されます．ペアワイズアラインメントの場合と同様に，与えられた RNA 配列 x の 2 次構造は，x の任意の塩基の組が「塩基対を形成する (1)」または「形成しない (0)」を指定するバイナリ変数を導入することにより，バイナリ行列として表現することが可能となります（図 **3.7**）．

定義 3.2 （RNA2 次構造のバイナリ行列による表現）

RNA 配列 x（長さが n）の 2 次構造とは，各要素がバイナリ値から構成される $n \times n$ の三角行列 $\theta = \{\theta_{ij}\}_{1 \leq i < j \leq n}$ で次の条件（制約）を満たすものと定義されます．

1. 任意の $1 \leq i \leq n$ に対して $\sum_{j: i<j} \theta_{ij} + \sum_{j: j<i} \theta_{ji} \leq 1$ を満たす．
2. $1 \leq i < k < j < l \leq n$ を満たす任意の整数の組 (i, j, k, l) に対して $\theta_{ij} + \theta_{kl} \leq 1$ を満たす．

RNA 配列 x に対して，上記の表現を用いたすべての 2 次構造の集合を $\mathcal{S}(x)$ と表記することにします．

定義 3.2 において，θ_{ij} は

$$\theta_{ij} = \begin{cases} 1 & x_i \text{ と } x_j \text{ が塩基対 (base-pair) を形成する} \\ 0 & \text{それ以外} \end{cases}$$

と意味づけされます（図 3.7）．実際には，塩基対は**ワトソン・クリック** (**Watson-Click**) 塩基対 (A-U, G-C), および，**ウォブル** (**Wobble**) 塩基対 (G-U) に限定することが多いです．定義 3.2 の条件 1 は RNA 配列の各位置はたかだか 1 つだけしか塩基対を形成しないことを表し（図 **3.8**(a)），条件 2 は**疑似ノット** (**pseudoknot**) は禁止することを表します（図 3.8(b)）*10．

この定義により，RNA の 2 次構造予測の問題も問題 3.1 の形式で次のように記述できることがわかります．

*10 本章では，2 次構造は疑似ノットを許さないものとしますが，2 次構造として疑似ノット構造を許容する場合もあります．疑似ノットを許す場合，構造予測を含めた様々なアルゴリズムの計算量が多大となります．

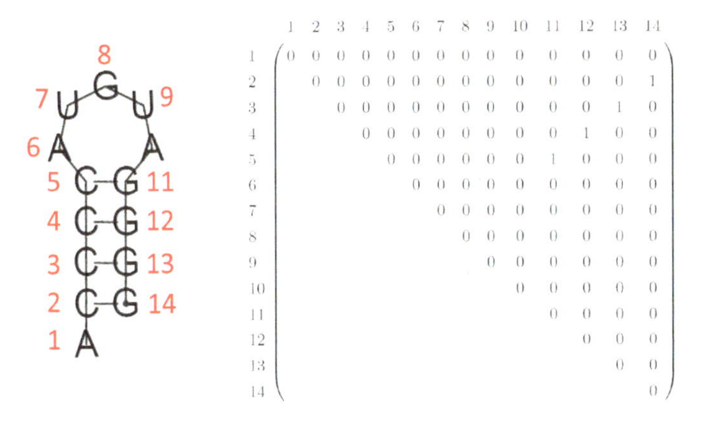

図 3.7　2 次構造のバイナリ行列による表現．5 番目の塩基と 11 番目の塩基が塩基対を形成していることは，行列の $(5,11)$ 成分の値が 1 であることに対応しています．x_8 が塩基対でないことは 8 行目と 8 列目の要素全てが 0 であることに対応しています．

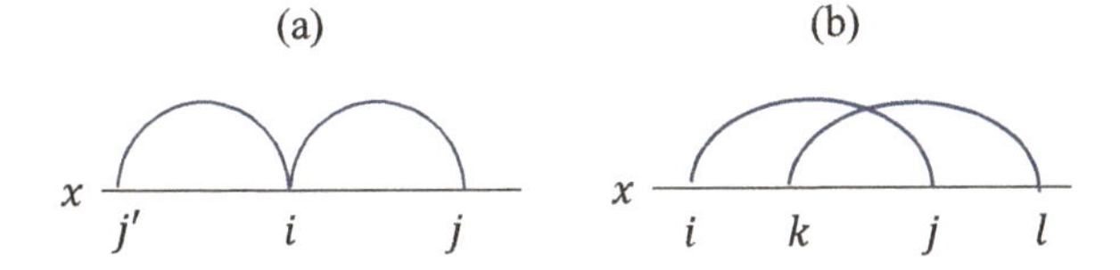

図 3.8　RNA2 次構造の条件．青線を塩基対とすると，(a),(b) いずれも 2 つの塩基対が同一の 2 次構造の中に共存することは禁止されます．(a) は定義 3.2 の条件 1 に (b) は条件 2 に違反します．(b) の関係にある 2 つの塩基対は疑似ノットの関係にあるといいます．

問題 3.3（RNA の 2 次構造予測）

RNA 配列 x（長さ n）に対して $\mathcal{S}(x)$ から 1 点 τ を予測（点推定）せよ．

3.3.4　系統樹トポロジーの推定

系統樹 (**phylogenetic tree**) は，遺伝子や生物の進化の過程を樹形（木）状に表したものであり，進化解析の際にしばしば出現する重要なものです．木 (**tree**) とは，辺にサイクルのない連結グラフと定義されます．以下では辺のことを**枝** (**branch**), グラフの頂点のことを**ノード** (**node**) と呼びます. 次数 (そのノードに接続する枝の数) が1のノードを**葉**, 葉以外のノードは内部ノードと呼びます (図3.3, p.88). すべての内部ノードの次数が3の場合の木を**2分木** (**binary tree**), それ以外の場合を**多分木** (**multi-branch tree**) 呼びます. 系統樹では, 葉に対してはラベル (たとえば生物種) が与えられていますが, 内部ノードにはラベルは与えられていないことに注意してください. 本書では, 葉のラベルを考慮した系統樹の形 (トポロジー) にのみ着目することにします. すなわち枝長は考えませんし, ノードのまわりの枝の配置の順番も考えません. さらに根 (root) がない無根系統樹のトポロジーを考えます. 一見すると系統樹トポロジーの推定問題を問題3.1の形で記述することは不可能であるように思えますが, 系統樹の枝の切断により, 「特定の葉集合の分割がある (1)」または「ない (0)」を指定するバイナリ変数を導入することにより, バイナリ変数の集合として系統樹トポロジーを表現することが可能となります.

定義 3.3 (系統樹トポロジーのバイナリ変数集合による表現)

$S=\{1,\ldots,n\}$ を n 種類の葉の集合とします. また, $S^{\frac{1}{2}}=\{X\subset S|(1<|X|<n/2)\vee((|X|=n/2)\wedge(1\in X))\}$ と表記します*11. S から作られる系統樹トポロジーは, バイナリベクトル $\theta=\{\theta_X\}_{X\in S^{1/2}}\in\{0,1\}^{2^{n-1}-n-1}$ で以下の条件を満たすものと定義されます*12.

1. 任意の $X\cap Y\notin\{\emptyset,X,Y\}$ となる $X,Y\in S^{\frac{1}{2}}$ に対して, $\theta_X+\theta_Y\leq 1$ を満たす.

---

*11 葉集合 S の部分集合で,「$n/2$ 未満の要素数からなる集合」または「要素数が $n/2$ で葉1を含む集合」からなる集合族. 葉の分割を重複なく指定するために導入されています. たとえば, $\{1,2\}$ と $\{3,4,5\}$ の分割を特定するためには, サイズが小さい集合 $1,2$ を指定すればよいことがわかります. この際, サイズが1と $n-1$ の分割は自明である (すべての系統樹トポロジーで必ず存在する) ので除いてあります.

*12 次元が $(2^n-2(n+1))/2$ であることは次のことよりわかります. S の部分集合の数は 2^n 通りあります. このうち, サイズが $0,1,n-1,n$ の部分集合の数は $2(n+1)$ 通りあります. よって, $S^{\frac{1}{2}}$ のサイズは, $(2^n-2(n+1))/2$ となります.

本章ではこの表現による S のすべての系統樹のトポロジーの集合を $\mathcal{T}(S)$ と表記することにします．

上記の定義においてバイナリ変数 $\theta_X \in \{0,1\}$ は

$$\theta_X = \begin{cases} 1 & X\text{ と }S\setminus X\text{ の葉分割を与える枝切断が存在する} \\ 0 & \text{それ以外} \end{cases}$$

の意味を持ちます（図 **3.9**）．「X と $S \setminus X$ の葉分割を与える枝切断が存在する」とは，系統樹 θ のある枝が存在して，その枝を切断して系統樹の葉を 2

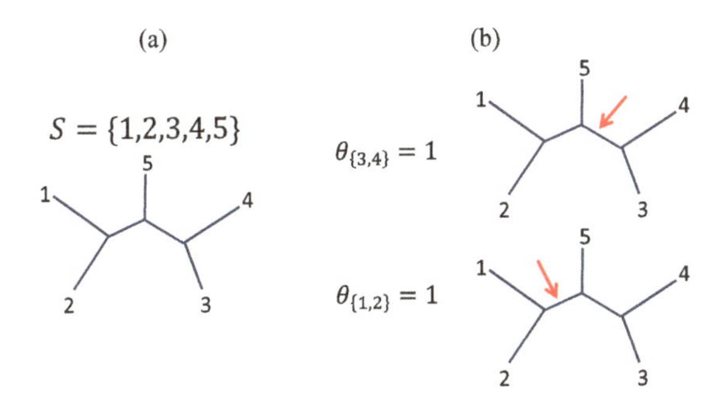

図 3.9　系統樹トポロジー (a) のバイナリ変数の集合による表現を (b) に示しました．矢印は切断する枝を表します（系統樹のある特定の枝を切断することにより，葉の集合は 2 つに分割されます）．この系統樹は $X = \{3,4\} \in S^{\frac{1}{2}}$ または $X = \{1,2\} \in S^{\frac{1}{2}}$ の場合のみ $\theta_X = 1$ で，それ以外の $X \in S^{\frac{1}{2}}$ に対しては $\theta_X = 0$ となるバイナリベクトル $\{\theta_X\}_{X \in S^{\frac{1}{2}}}$ で表されます．

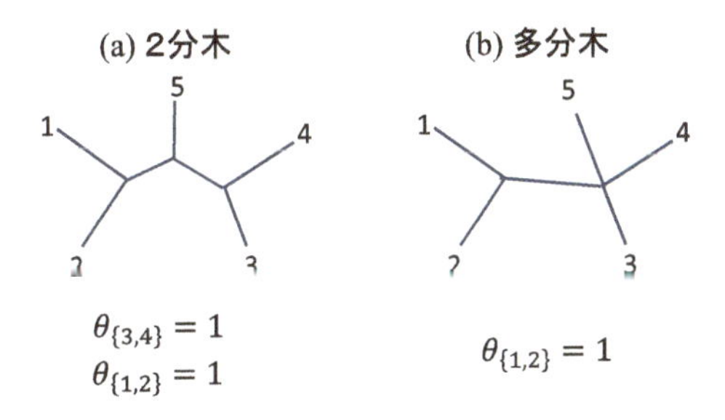

図 3.10　2 分木と多分木とそのバイナリベクトル表現

分割した結果，葉が X とそれ以外 $S \setminus X$ に分割されることを意味します *13．系統樹の特定の1つの枝を切断した場合には，必ず葉集合が2分割されることに注意してください．定義3.3の条件1は，系統樹が木であることを保証する制約です．条件1とともに，条件「$\sum_{X \in S^{\frac{1}{2}}} \theta_X = ((4n-6)-2n)/2 = n-3$ を満たす」を加えた場合には，系統樹は2分木であることが保証されます．条件1のみの場合，2分木であることは保証されませんが，多分木としては正しい系統樹となります *14．本章では，定義の通り系統樹としては多分木も許容します（図 **3.10**）．

上記定義により，系統樹のトポロジー推定に関しても，問題3.1の形式で以下のように記述できることがわかりました．

問題 3.4（系統樹のトポロジー推定）

葉集合 S に対して1点 $\tau \in \mathcal{T}(S)$ を予測（点推定）せよ．

次節以降では，ペアワイズアラインメント（問題3.2）とRNAの2次構造予測（問題3.3）について主に取り扱いますが，系統樹のトポロジー推定に関しても部分的に説明を行います．

3.4 解空間の大きさ

前節（3.3節）では，本章で取り扱ういずれの問題も問題3.1(p.90)の形で定式化されることを見ました．本節では，これらの問題の難しさを評価するために，解空間のサイズ（可能な解の数）$|\mathcal{B}|$ が問題サイズ *15 に対して指数関数的に増加することを示します．

---

*13　これは一見必ず存在するように思えますが，たとえば，図3.9の系統樹トポロジーでは，$\{1,5\}$ と $\{2,3,4\}$ の葉の分割は存在しないことに注意してください．

*14　この追加条件を満たさない場合，4本以上の枝が接続する内部ノードが1つ以上存在し，多分木となります．

*15　アラインメント，RNAの2次構造予測の場合は配列長，系統樹推定の場合は葉の数です．

補題 3.1（アラインメントの数）

長さが n の 2 本の生物配列の可能なアラインメントの数を $f(n)$ とすると，$f(n) \sim \frac{2^{2n}}{\sqrt{\pi n}}$ が成立します．

証明.

$g(n,m)$ で長さ n の生物配列 x と長さ m の生物配列 y の 2 本のペアワイズアラインメントの数を表すとします（すなわち $g(n,m) = |\mathcal{A}(x,y)|$）．$k$ をアラインメント内で整列されている文字ペアの数とすると，この場合のアラインメントの総数は $\binom{n}{k}\binom{m}{k}$ となります（なぜなら，x と y からそれぞれ k 個の文字を選ぶ必要があるためです．k 個ずつ文字を選べば，左側から順次整列ペアを作ることにより，定義 3.1(p.92) の意味でアラインメントは一意に定まります）．ここで k に関しては，$0 \le k \le \min(n,m)$ の自由度があるので，$g(n,m)$ は

$$g(n,m) = \sum_{k=0}^{\min(n,m)} \binom{n}{k}\binom{m}{k} = \binom{n+m}{n}$$

と計算されます [*16]．これとスターリング (Stirling) の公式 [*17] により

$$f(n) = g(n,n) = \binom{2n}{n} = \frac{(2n)!}{(n!)^2} \sim \frac{\sqrt{2\pi}(2n)^{2n+\frac{1}{2}}\mathrm{e}^{-2n}}{2\pi n^{2n+1}\mathrm{e}^{-2n}} = \frac{2^{2n}}{\sqrt{\pi n}}$$

が得られます．□

---

*10　最後の等式は以下よりわかります：n 個の黒球と m 個の白球から n 個 $(n \leq m)$ を選ぶとします．この際，選択する白球の個数を k 個とすると，黒球は $n-k$ 個選択することになります．k についての自由度を考慮すると，$\binom{n+m}{n} = \sum_{k=1}^{n} \binom{n}{n-k}\binom{m}{k} = \sum_{k=1}^{n} \binom{n}{k}\binom{m}{k}$ が得られます．

*17　$n! \sim \sqrt{2\pi}n^{n+\frac{1}{2}}\mathrm{e}^{-n}$ をスターリングの公式と呼びます．スターリングの公式は n が大きい場合には右辺は $n!$ の漸近的な近似値としてみなせることを意味します（このような公式は漸近公式と呼ばれます）．近似の精度は比較的よく，$n = 10$ のときの相対誤差は 0.01 未満であることが証明できます．

補題 3.2 （2 次構造の数）

長さ n の RNA 配列 x の可能な 2 次構造の数を $S(n)$ とすると，$S(n) \geq 2^{n-2}$ を満たします．ただし，ここでは，配列 x の隣り合わせ以外の任意の塩基ペアが塩基対を形成できるものとします．

証明.

$S(n)$ で長さが n の RNA 配列の 2 次構造の数を表すとします．明らかに，$S(1) = S(2) = 1$ が成立します．さらに，

$$S(n+1) = S(n) + S(n-1) + \sum_{k=1}^{n-2} S(k)S(n-k-1) \tag{3.1}$$

が成立します．なぜなら，$S(n+1)$ は，(i) $n+1$ 番目の塩基が塩基対でない場合（図 **3.11**(a)）と (ii) $n+1$ 番目が塩基対である場合（その相手を $j \in [1, n-1]$ とする; 図 3.11(b)）の 2 つの排他的な場合から計算することができます．(i) の場合の 2 次構造の数は $S(n)$ と等しくなります．(ii) の場合に j を固定した場合には，2 次構造は $\{1, \ldots, j-1\}$ と $\{j+1, \ldots, n\}$ の 2 つの部分に分割でき，それぞれは独立に 2 次構造を形成可能なので，この場合の 2 次構造の個数は $S(j-1)S(n-j)$ 個となります．ここで，j は 1 から $n-1$ までの可能性があるので，結局

$$\begin{aligned}
S(n+1) &= S(n) + \sum_{j=1}^{n-1} S(j-1)S(n-j) \\
&= S(n) + S(n-1) + \sum_{j=2}^{n-1} S(j-1)S(n-j) \\
&= S(n) + S(n-1) + \sum_{k=1}^{n-2} S(k)S(n-k-1)
\end{aligned}$$

が得られ，式 (3.1) が証明されました．

次に，式 (3.1) を変形することで

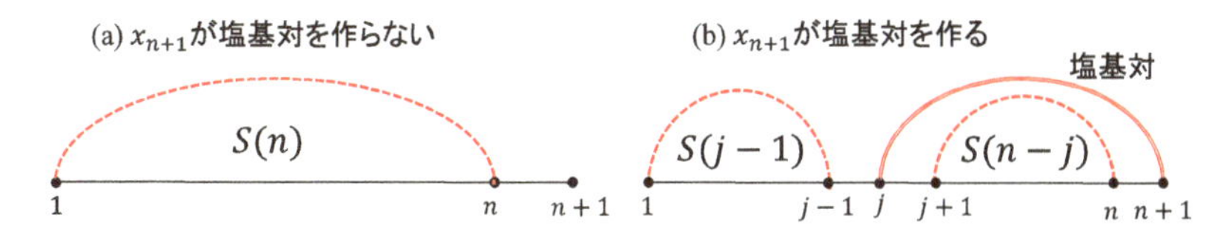

図 3.11 2 次構造の数のカウントの際の場合分け．x_{n+1} が塩基対を作らない場合と作る場合の 2 通りに場合分けできます．

$$\begin{aligned} S(n+1) &= S(n)+S(n-1)+S(n-2)S(1)+\sum_{k=1}^{n-3} S(k)S(n-k-1) \\ &= S(n)+S(n-1)+S(n-2)+\sum_{k=1}^{n-3} S(k)S(n-k-1) \quad (3.2) \end{aligned}$$

を得ます．式 (3.1) で $n+1$ を n に置き換えた

$$S(n) = S(n-1)+S(n-2)+\sum_{k=1}^{n-3} S(k)S(n-k-2)$$

および $S(n-k-1) \geq S(n-k-2)$（S は単調増加関数）を用いると，式 (3.2) の最後の 3 項は $S(n)$ 以上であることがわかるので，

$$S(n+1) \geq S(n)+S(n) = 2S(n) = \cdots = 2^{n-1}S(2) = 2^{n-1}$$

となることより，補題 3.2 が証明されました． □

補題 3.3（系統樹トポロジーの数）

n 個の葉から成る系統樹の数を $T(n)$ とすると，

$$T(n) \geq (2n-5)!! = 1 \cdot 3 \cdot \cdots \cdot (2n-5) = \frac{(2n-5)!}{2^{n-3}(n-3)!}$$

が成立します．

証明.

以下では，2 分木系統樹トポロジーの数 $T'(n)$ が $(2n-5)!!$ と等しくなることを示します．多分木系統樹トポロジーの数 $T(n)$ は $T'(n)$ よりも大きく

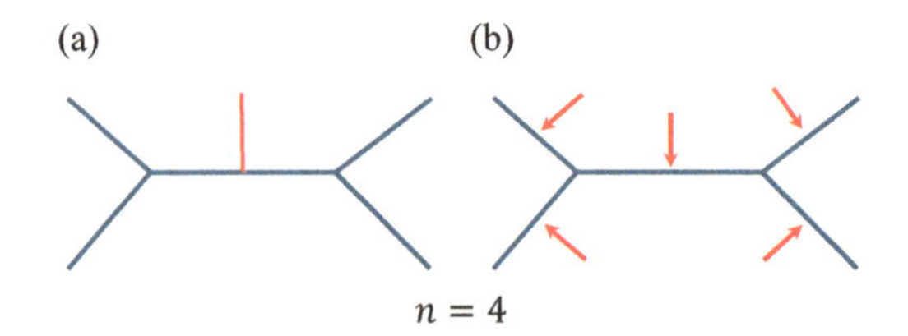

図 3.12 2 分木系統樹の数. (a) 2 分木系統樹に葉を 1 つ追加することにより, 枝（辺）の数は 2 増えることがわかります. (b) $n=4$ の 2 分木系統樹から $n=5$ の 2 分木系統樹の作り方は赤矢印の部分に枝を挿入する場合の数（すなわち枝の数）だけ存在します.

なるため, これにより補題 3.3 が示せたことになります.

以下で系統樹とは 2 分木系統樹を表すとします. 系統樹に葉を 1 つ追加して再び系統樹を作成する場合, 枝は必ず 2 つ増加するので, n 種の葉から作られる系統樹の枝の数を $B(n)$ とすると $B(n)=B(n-1)+2$ の関係があります. さらに $B(2)=1$ であることを用いると, $B(n)=2n-3$ $(n=2,3,\ldots)$ が得られます. 次に n 種の葉から作られる 2 分木系統樹のトポロジーの数を $T'(n)$ とし, $n-1$ 種の葉の系統樹トポロジーから n 種の葉のトポロジーを作るとします. 葉を 1 つ追加する方法は, 系統樹の枝の数だけ存在するため, $T'(n)=B(n-1)T'(n-1)$ が成立します（図 **3.12**）. さらに $T'(3)=1$ より,

$$
\begin{aligned}
T'(n) &= B(n-1)B(n-2)T'(n-2) = \cdots \\
&= B(n-1)B(n-2)\cdots B(3)T'(3) \\
&= (2n-5)\cdot(2n-7)\cdots 5\cdot 3 = (2n-5)!!
\end{aligned}
$$

が得られました. □

以上の 3 つの補題は, 3.3 節で述べたいずれの推定問題も, 問題のサイズが大きくなるにつれて, 指数関数的に解空間のサイズが大きくなることを示しています. つまり, これらの問題では, 非常に多くの離散的な解の候補の中から 1 つの解を予測する（点推定する）必要があります. このような問題は, 「**高次元離散空間上の点推定問題 (point estimation problem on high-dimensional discrete space)**」と呼ばれ [6], 本質的な難しさを内在していることがのちに明らかになります（3.12 節）.

3.5　スコアの導入——スコアモデル——

それでは，3.3 節の問題を解いてみましょう．3.3 節の問題を解くためには，問題 3.1(p.90) の設定だけでは不十分です．なぜなら，問題 3.1 では，解空間から解を選択するための基準について何も触れられていないからです．多くの解候補の中から，1 つの解を選択するためには，何らかの基準が必要になります．そのための典型的な方法は，解の各々に対して**スコア (score)** を定義することです．なぜなら，解候補のすべてにスコアが導入されれば，スコアが最も良くなる解を選択することが可能となるからです．以下では，3.3 節で述べた問題に対してスコアを導入します．

3.5.1　ペアワイズアラインメントのスコア

ペアワイズアラインメントのスコアは，整列されている文字ペアとギャップのカラムに関する加算的なスコアとして定義されます．

定義 3.4（ペアワイズアラインメントのスコア）

$x \in \Omega^n$, $y \in \Omega^m$ のペアワイズアラインメント $\theta \in \mathcal{A}(x,y)$ のスコアを

$$S(\theta|x,y) = \sum_{x_i \diamondsuit y_j} s(x_i, y_j) + \sum_{k \geq 1} N_k(x) g(k) + \sum_{k \geq 1} N_k(y) g(k)$$

と定義します．ここで $s(x_i, y_j)$ は x_i と y_j の置換スコア，$N_k(x)$ はアラインメント θ で x の部分配列と対応する「長さが k の連続するギャップ」の数とします．長さが k の連続するギャップとは，ある i が存在し，$x[i, i+k-1]$ のすべての文字がギャップと対応し，かつ，x_{i-1} および x_{i+k} はともにギャップと対応しないことと定義します（y についても同様となります）．$g(k)$ は長さ k のギャップに対するコスト（負の値）を与える関数となります．また，右辺第 1 項の和は，アラインメント θ 中で整列されている文字ペアすべて $(x_i \diamondsuit y_i)$ に対して計算をします．

$|\Omega| \times |\Omega|$ の行列 $\{s(a,b)\}_{a,b \in \Omega}$ は，**置換スコア行列 (substitution score**

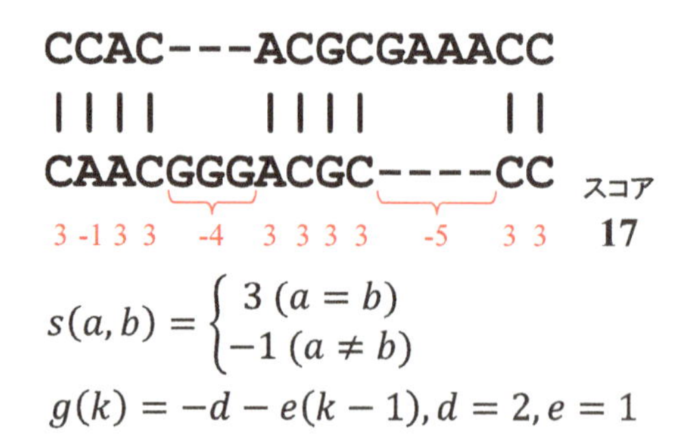

図 3.13 アラインメントのスコアの計算例．同じ塩基の場合には置換スコアは 3，異なる塩基の場合は置換スコアは -1 とします．またギャップコストはアフィンギャップコストで，$g(k)=-2-(k-1)$ としました．このアラインメントのスコアは 17 となります．

matrix) と呼ばれます．本書では，紙面の都合もあり置換スコア行列の詳細には立ち入らずに，あらかじめ与えられているものとしますが，生物配列ごとに様々な置換スコア行列が存在しています [*18]．置換スコア行列は一般には対称な行列を考えることが多いですが，非対称な行列が適切である場合もあります [*19]．また，定義 3.4 において，$g(k)$ は**ギャップコスト** (**gap cost**) と呼ばれ，以下の 2 つがしばしば利用されます．

- $g(k)=-dk$ の場合は，**線形ギャップコスト** (**linear gap cost**) と呼ばれます．$d>0$ はパラメタで，ギャップ 1 つ当たりのコストとなります．
- $g(k)=-d-(k-1)e$ の場合，**アフィンギャップコスト** (**affine gap cost**) と呼びます．この場合，最初のギャップのコストは d ですが，2 つ目以降のギャップのコストは e となります．通常は $e<d$ とします．

置換スコア行列と同様にギャップコストに関しても非対称（挿入と欠失に対して異なるコストを与える）とすることも可能ですが，本節では簡単のために対称なギャップコストを考えることにします．

アラインメントのスコアの計算例を図 **3.13** に示しました．この例が示す通り，アラインメントが 1 つ与えられた場合には，そのスコアの計算は容易

*18 アミノ酸配列の場合 BLOSUM 行列や PAM 行列，DNA 配列の場合 HOXD70 行列などの置換スコア行列が提案されています．

*19 リファレンスとなるゲノム配列にリード配列をアラインメントする場合などはこの場合にあたります．

に行うことができます.

3.5.2 RNA の 2 次構造のスコア

RNA の 2 次構造のスコアとして下記のスコアを導入します.

定義 3.5 (RNA の 2 次構造のスコア)

RNA 配列 x の 2 次構造 $\theta \in \mathcal{S}(x)$ のスコアを

$$S(\theta|x) = \sum_{i<j} I(\theta_{ij} = 1)$$

と定義します. ただし, 塩基対を形成できる塩基ペア ($\theta_{ij} = 1$ となる (x_i, x_j)) はワトソン・クリック塩基対 (A-U, G-C) またはウォブル塩基対 (G-U) に限定します.

このスコアは 2 次構造中の「塩基対の数」に等しいことがわかります. アラインメントの場合と同様に, 2 次構造が 1 つ与えられた場合, 対応するスコアを計算することは容易にできます. 実用上は, 2 次構造予測を行う際にこの単純なスコアが利用されることはほとんどありません. 細胞内において RNA は, 塩基対が多い構造よりはむしろ, **自由エネルギー (free energy)** が小さい構造を好んで形成することが知られているためです. 自由エネルギーは, 実験により決定された**エネルギーパラメタ (energy parameter)** を用いたエネルギーモデルにより計算されます. 自由エネルギーをスコアとして考えた場合, 予測すべき最適な構造は, **最小自由エネルギー (minimum free energy, MFE)** の 2 次構造ということになります. 2 次構造のエネルギーモデルはやや複雑であるため付録 A に回しましたので興味のある読者は参照してください (付録 A.3 節).

3.6 最適解の導出

3.5 節では, 各々の問題に対してスコア (のモデル) を導入しました. 与えられたスコアモデルに対して解空間の中で最もスコアが大きくなる解は, **最適解 (optimal solution)** と呼ばれます. 最適解を導出することは, 問題 3.1(p.90) に対する 1 つの解決方法となります.

アラインメントやRNAの2次構造が1つ与えられた場合に，前節で述べたスコアの計算は容易に行うことが可能でした（たとえば図3.13，p.104）．したがって，最適解を導出する非常に短絡的な方法としては，「解空間中のすべての可能な解に対してスコアを計算し，最終的にスコアが最もよくなる解を導出する」という方法です．しかしながら，この単純な方法は現実的にはうまく動きません．なぜでしょうか．3.4節で見てきた通り，可能な解候補の数は問題サイズに対して指数関数的に増加し，問題サイズが大きくなった場合にはどんなに優れた計算機を利用しても計算回数が膨大となってしまうためです[*20]．そこで，本節では，問題3.2(p.93)と問題3.3(p.95)に関しては，**動的計画法 (dynamic programming, DP)** を用いることにより，上記の単純な方法よりもはるかに効率的に最適解の計算が可能であることを説明します．動的計画法とは，問題を複数の部分問題に分割し，部分問題の解を適宜利用しながらそれよりも少し大きな問題を解いていくアルゴリズム全般を指します．この際，**動的計画法行列 (DP matrix)** と呼ばれる行列に，部分問題の計算結果を記録し，冗長な計算を省くことで，すべての解を数え上げる短絡的な方法よりも高速に最適解計算が可能となります[*21]．

3.6.1 ペアワイズアラインメントの最適解

本項では，問題3.2で定義3.4(p.103)のスコアを用いた場合に対して最適な大域ペアワイズアラインメントを計算する動的計画法のアルゴリズムであるNeedleman-Wunsch (NW) アルゴリズム について説明をします．

A) 線形ギャップコストの場合

まずは線形ギャップコスト ($g(k) = -dk$) の場合について考えてみましょう．以下では，最適な大域ペアワイズアラインメントのスコアを導出することをまずは考えます．動的計画法のアルゴリズムでは，部分問題の最適解を格納する動的計画法行列の定義が重要になります．NWアルゴリズムでは，「$M(i,j)$ を部分配列 $x[1,i]$ と $y[1,j]$ の間の最適アラインメントのスコア」を格納する動的計画法行列の要素とします．すると，$M(n,m)$ が最終的な最適なアラインメントのスコアとなります．そこで，以下では，少し小さい部分

---

*20 問題サイズの指数オーダーのアルゴリズムになってしまいます．

*21 ただし，これは問題に依存します．後で見るように，効率的な動的計画法アルゴリズムを作ることが難しい問題も存在します．

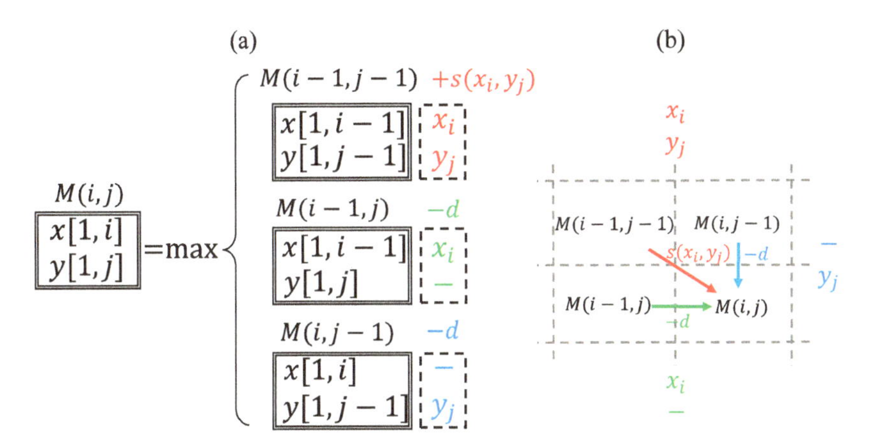

図 3.14 Needleman-Wunsch アルゴリズムの動的計画法．$M(i,j)$ は $x[1,i]$ と $y[1,j]$ の間の最適なアラインメントのスコアを格納します．アラインメントの一番右端のカラムは 3 通りの可能性があることに着目して 3 つの部分問題に場合分けを行っています．2 重線のボックスは，その中にある部分配列の間の最適アラインメントを意味しています．定義より $M(n,m)$ が x と y の間のアラインメントの最適スコアとなります．また，$M(i,j)$ が 3 通りの部分問題の可能性のどの最大値から得られたかを (n,m) から $(0,0)$ まで辿ることにより，最適スコアが求まった後に，最適アラインメントも計算することが可能となります（トレースバック）．(a) の関係式は動的計画法行列 M 上では (b) のように表されます．

問題の最適スコアを利用して，この行列を再帰的に埋めていきます．

まず，M の定義より，$M(0,j)$ は x 側はヌル配列（まだ 1 文字も文字が出ていない状態），y 側は部分配列 $y[1,j]$ の間の最適アラインメントのスコアです．この場合のアラインメントは $y[1,j]$ がすべてギャップと対応するものだけとなるので，このときのスコアは $-jd$ と等しくなります．同様に $M(i,0) = -id$ であることも容易にわかります．これが，NW アルゴリズムの**初期化 (initialization)** と呼ばれるステップになります．

次に $i,j > 0$ の場合を考えます．$x[1,i]$, $y[1,j]$ のアラインメントの一番右端のカラム（列）に着目しましょう．このカラムの可能性としては，(i) (x_i, y_j) が整列されている，(ii) x_i がギャップと整列する，(iii) y_j がギャップと整列するの 3 通りのいずれかとなります（図 **3.14**(a)）*22．(i) の場合の最適スコアは，$x[1,i-1]$ と $y[1,j-1]$ の間のアラインメントが最適なアラ

*22 ギャップとギャップが対応することは考える必要がないことに注意してください．

インメントである場合に得られます．したがって，(i) の場合の最適スコアは $M(i-1,j-1)+s(x_i,y_j)$ となることがわかります．同様にして，(ii), (iii) の場合の最適スコアは，それぞれ $M(i-1,j)-d$，$M(i,j-1)-d$ となります．定義より $M(i,j)$ はこの 3 通りの中で最もスコアが大きいものと等しくなるので，

$$M(i,j)=\max\begin{cases} M(i-1,j-1)+s(x_i,y_j) \\ M(i-1,j)-d \\ M(i,j-1)-d \end{cases} \tag{3.3}$$

の再帰式が成立することがわかります．すなわち，動的計画法行列 M の特定のセルの値を計算するためには，その上，左上，左の 3 つのセルの値を参照することで計算できることがわかります（図 3.14(b)）．このように再帰的に M を順次埋めていった結果，最終的に (n,m) のセルに x と y の最適アラインメントのスコアが格納されます．アルゴリズム 3.1 に，最適スコアを計算するアルゴリズムを記述しました．

アルゴリズム 3.1 Needleman-Wunsch アルゴリズム（最適スコア計算）

入力：生物配列 x（長さ n）と y（長さ m）.

1: **for** $i=0$ to n, $j=0$ to m **do**
2: $M(i,0)\leftarrow -id$
3: $M(0,j)\leftarrow -jd$
4: **end for**
5: **for** $i=1$ to n **do**
6: **for** $j=1$ to m **do**
7: $M(i,j)\leftarrow \max(M(i-1,j-1)+s(x_i,y_j), M(i-1,j)-d, M(i,j-1)-d)$
8: **end for**
9: **end for**
10: **return** $M(n,m)$

以上により，最適なアラインメントの スコア が動的計画法により計算されることがわかりました．実際には，最適スコアとともに最適スコアのアラ

インメント（最適アラインメント）を計算したい場合が多いと思います（問題 3.2）．それでは，最適スコアを与えるアラインメントはどのように計算すればよいでしょうか．最適アラインメントは，**トレースバック (traceback)** と呼ばれる操作により得ることができます．式 (3.3) の右辺の 3 つの場合は，それぞれ，x_i と y_j が整列，x_i がギャップと整列，y_j がギャップと整列する場合に対応するので（図 3.14），各セルがこのいずれの値として計算されたかを (n, m) のセルから $(0, 0)$ まで，遡っていくことにより最適アラインメントを計算することができます．この際，最適アラインメントの右端のカラムから順次決まっていくことに注意してください．トレースバックの詳細はアルゴリズム 3.2 に記述しました．ここでは，トレースバックの各段階で，現在注目しているセルの値がどのセルの値から計算されたのかをその都度調べていますが，アルゴリズム 3.1 の最適化計算中でこの情報をあらかじめ記録しておくことも可能です（「トレースバック情報」と呼ばれます; たとえば，**図 3.15** ではトレースバック情報が矢印として記載されています）．アルゴリ

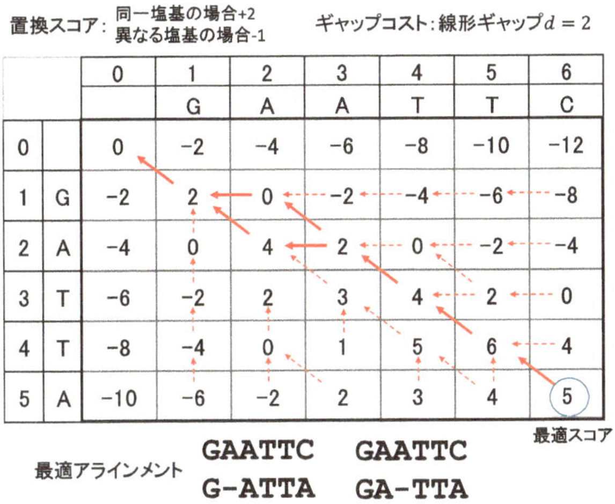

置換スコア：同一塩基の場合+2　異なる塩基の場合-1　　ギャップコスト：線形ギャップ $d = 2$

		0	1	2	3	4	5	6
			G	A	A	T	T	C
0		0	−2	−4	−6	−8	−10	−12
1	G	−2	2	0	−2	−4	−6	−8
2	A	−4	0	4	2	0	−2	−4
3	T	−6	−2	2	3	4	2	0
4	T	−8	−4	0	1	5	6	4
5	A	−10	−6	−2	2	3	4	5

最適スコア

最適アラインメント

```
GAATTC    GAATTC
G-ATTA    GA-TTA
```

図 3.15 Needleman-Wunsch アルゴリズムの具体的計算例．この例では，GATTA と GAATTC の間の大域アラインメントを導出しています．各セルがどのセルから計算されているかを矢印で示してあります．また，最適アラインメントを与える (n, m) から $(0, 0)$ までのパスは太字の矢印で示されています．

ズムの挙動は，具体的な例を見るとわかりやすいと思いますので，NW アルゴリズムの実際の例を図 3.15 に示しました．図 3.15 では最適アラインメントが 2 つ存在しますが，通常は，最適アラインメントをすべて導出することは行わないことが多いです [*23]．

最後にアルゴリズムの計算量について考えてみましょう．アルゴリズム 3.1 の初期化の部分の時間計算量は $O(m+n)$ となります．再帰の部分は $n \times m$ 個のセルの M を計算する必要があります．1 つのセルの計算量は，すでに計算されているセルの値の参照と足し算，3 つの値の最大値操作となるので，n と m には依存しない計算量，すなわち $O(1)$ となります．よって再帰部分の計算量は $O(nm)$ となります．またトレースバック（アルゴリズム 3.2）の計算量は，手順 3.2 の while ループがたかだか $n+m$ 回実行されるので，計算量は $O(n+m)$ となります．したがって，全体の時間計算量は $O(nm)$ となります．空間計算量は，動的計画法行列を格納するために

アルゴリズム 3.2 Needleman-Wunsch アルゴリズム（トレースバック）

入力: $\{M(i,j)\}$: アルゴリズム 3.1 で計算
1: $i \leftarrow n$; $j \leftarrow m$; $k \leftarrow 1$;
2: **while** $i > 0$ **or** $j > 0$ **do**
3: **if** $i = 0$ **or** $M(i,j) = M(i,j-1) - d$ **then**
4: $X[k] \leftarrow$ “-”; $Y[k] \leftarrow y_j$; $j \leftarrow j-1$
5: **else if** $j = 0$ **or** $M(i,j) = M(i,j-1) - d$ **then**
6: $X[k] \leftarrow x_i$; $Y[k] \leftarrow$ “-”; $i \leftarrow i-1$
7: **else**
8: $X[k] \leftarrow x_i$; $Y[k] \leftarrow y_j$; $i \leftarrow i-1$; $j \leftarrow j-1$
9: **end if**
10: $k \leftarrow k+1$
11: **end while**
12: $X \leftarrow$ reverse(X); $Y \leftarrow$ reverse(Y) //文字を逆順にする
13: **return** (X, Y)

*23 なぜなら，入力配列の長さが大きい場合には，かなりの数の最適アラインメントが存在するからです．実際，アルゴリズム 3.2 においても 1 つだけの最適アラインメントを導出しています．

$n \times m$ のメモリが必要となるため，$O(nm)$ となります．この節の冒頭に述べた動的計画法を用いない単純な方法では，入力配列長の指数オーダーのアルゴリズムでしたので，それに比べると非常に効率的なアルゴリズムとなっています．

B) アフィンギャップコストの場合

次に**アフィンギャップコスト** ($g(k) = -d - e(k-1)$) の場合について見ていきましょう *24．前述の線形ギャップコストの場合とは異なり，アフィンギャップコストの場合には，ギャップが「最初のギャップ」（コスト $-d$）か「それ以外（連続するギャップで 2 つ目以降のギャップ）」（コスト $-e$）の 2 つの場合を区別する必要があります．そのために，線形ギャップの場合の NW アルゴリズムのように，動的計画法の行列を 1 つだけ導入するのではなく，以下の 3 つの動的計画法行列を利用することにします（$S(\cdot)$ はアラインメントのスコアを表します）．

1. $M(i,j) = \max\{S(\theta)|\theta \in \mathcal{A}(x[1,i], y[1,j])$ かつ「x_i と y_j が整列」$\}$*25
2. $X(i,j) = \max\{S(\theta)|\theta \in \mathcal{A}(x[1,i], y[1,j])$ かつ「x_i がギャップと対応」$\}$
3. $Y(i,j) = \max\{S(\theta)|\theta \in \mathcal{A}(x[1,i], y[1,j])$ かつ「y_j がギャップと対応」$\}$

この 3 つの行列は，図 **3.16**(a) に示されるようなある種の「状態（場合）」を表していると考えることができます．すなわち，行列 M, X, Y は，それぞれ，文字ペアを出力する状態，x の文字とギャップを出力する状態，y の文字とギャップを出力する状態に対応しています．この 3 つの状態を移動（遷移）していくことにより，ペアワイズアラインメントのスコアが計算されます（図 3.16(b)）．今，M, X, Y の状態は図 3.16 の移動（遷移）を許すものとします *26．このとき，M に関してはアラインメントの最後から 2 番目のカラムに関して場合分けを行うことにより以下の再帰式が成立します．

---

*24　以下のアフィンギャップコストの動的計画法は，本質的には論文 [13] で提案されたものです．

*25　すなわち，$M(i,j)$ は，部分配列 $x[1,i]$ と $y[1,j]$ のペアワイズアラインメントで (x_i, y_j) が整列されるアラインメントの中で最適なアラインメントのスコアです．

*26　厳密にいうと，図 3.16 では，X と Y の間の移動（遷移）を許していないため，たとえば x のギャップの直後に y のギャップが出現することは許されません（そのようなアラインメントのスコアは計算できません）．X と Y の遷移を許すことにより x のギャップの後に y のギャップが出現することが許されます．その場合でも本節の説明は容易に修正することが可能です．各自考えてみてください．

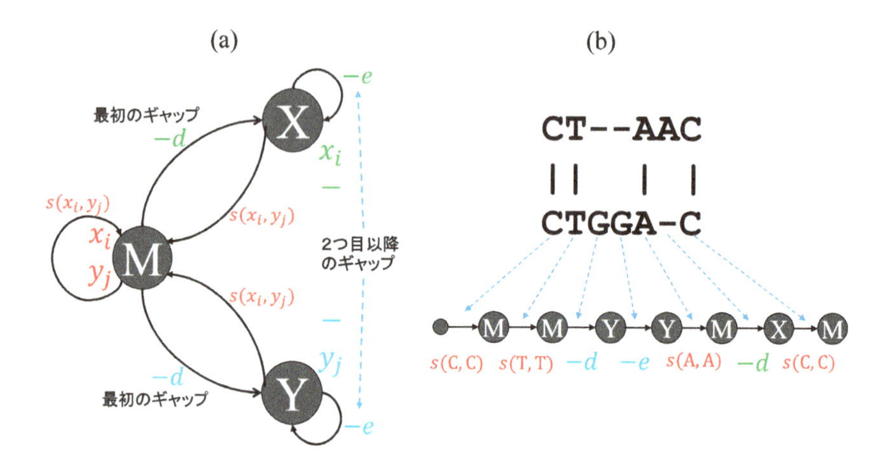

図 3.16　(a) アフィンギャップコストに対応する状態遷移のグラフィカルモデル．このグラフィカルモデルを遷移することにより，アフィンギャップコストのアラインメントのスコアが計算されます．ノード（状態）「M」では整列された塩基ペアを出力します．状態「X」と「Y」は，それぞれ，x の文字とギャップ，y の文字とギャップを出力します．上記では，X から Y への遷移（移動）は許されていませんが，X から Y への遷移を許容する場合には，y 側のギャップの直後に x 側のギャップが出現することが許されます．(b) アラインメントのスコアの計算例．(a) の状態遷移図を遷移していくことによりアラインメントのスコアが計算されます．状態遷移の際にスコアが加算されていることに注意してください．

$$M(i,j) = \max \begin{cases} M(i-1, j-1) + s(x_i, y_j) \\ X(i-1, j-1) + s(x_i, y_j) \\ Y(i-1, j-1) + s(x_i, y_j) \end{cases}$$

この導出は，式 (3.3) の導出と同様にして行うことができます．次に，M から X へ遷移する場合には，y 側に最初のギャップが挿入される場合に対応するので，ギャップコストは $-d$ となります．一方，X から X へ遷移する場合は y 側の連続ギャップの中で 2 つ目以降のギャップの場合なので，ギャップコストは $-e$ です．これより，X に関して以下の再帰式が成立します．

$$X(i,j) = \max \begin{cases} M(i-1, j) - d \\ X(i-1, j) - e \end{cases}$$

また，X の場合と同様に Y の再帰式

$$Y(i,j) = \max \begin{cases} M(i,j-1) - d \\ Y(i,j-1) - e \end{cases}$$

も得られます．これらの再帰式では，各セルがどの最大値から計算されたのかを記録しておきます（最適アラインメントをトレースバックで計算するため）．最後に，初期条件は，M，X, Y の定義により，$M(0,0) = 0$, $X(0,0) = Y(0,0) = -\infty$, $X(i,0) = -d - (i-1)e$ $(i > 0)$, $Y(0,j) = -d - (j-1)e$ $(j > 0)$, $M(i,0) = M(0,j) = X(0,j) = Y(i,0) = -\infty$ $(i,j > 0)$ とすればよいことがわかります．

これらの再帰式を用いることにより，アフィンギャップコストの場合のアラインメントアルゴリズムも Needleman-Wunsch アルゴリズムと類似した動的計画法で行うことが可能となります．アフィンギャップコストの場合，M, X, Y の 3 つの動的計画法行列を埋めていくことになりますが，それぞれ，3 回または 2 回の最大値計算と，それ以前の行列の値を参照するのみで計算が可能であるため，最も計算量が大きい再帰の部分の計算量は，x の配列長を n，y の配列長を m とした場合, $O(nm)$ となります．したがって，アルゴリズム全体の計算量は $O(nm)$ です．

最後に，任意のギャップコストを用いた場合には一般に計算量が増加することを注意しておきます．詳細は付録の A.1 節を参照してください．

3.6.2　RNA の 2 次構造予測の最適解

問題 3.3 を考えましょう．2 次構造のスコアを定義 3.5（塩基対数，p.105）とした場合に最適な RNA2 次構造を導出するための動的計画法のアルゴリズムは **Nussinov アルゴリズム** として知られています．以下では Nussinov アルゴリズムについて説明を行います．

$M(i,j)$ は部分配列 $x[i,j]$ に対する最適スコア（すなわち，塩基対が最大となる部分配列 $x[i,j]$ の 2 次構造の塩基対数）とします．すると，$M(1,n)$ が RNA 配列 x の最適な 2 次構造の塩基対数となります．そこで，行列 $M(i,j)$ を再帰的に埋めていくことを考えます．第 1 に，初期化は $M(i,i) = M(i,i-1) = 0$ とします．次に $0 < i < j$ の場合，$M(i,j)$ は図 **3.17** の 4 つの部分問題の最適解から計算されることに注目すると，再帰式

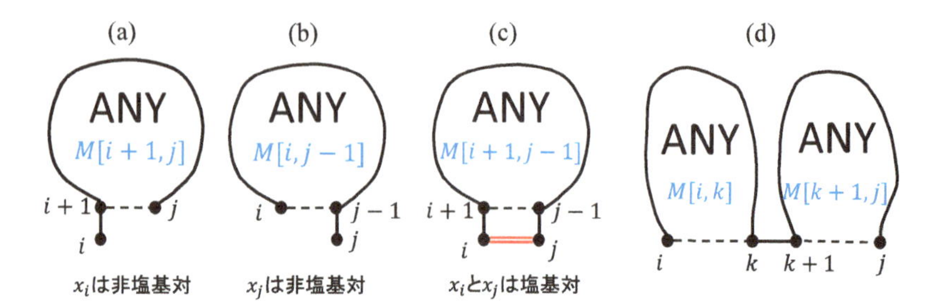

図 3.17　Nussinov アルゴリズムによる動的計画法．黒線はバックボーンの RNA 配列を，赤線は塩基対を表します．黒点線は，塩基対を形成してもしなくても構わないものとします．ANY の部分は任意の 2 次構造が許されることを意味します．

$$M(i,j) = \max \begin{cases} M(i+1,j) \\ M(i,j-1) \\ M(i+1,j-1)+1 \ [(x_i,x_j) \text{ が塩基対を形成}] \\ \max_{k:i \leq k \leq j-1} [M(i,k)+M(k+1,j)] \end{cases} \tag{3.4}$$

を得ます（右辺の max の 1,2,3,4 行目がそれぞれ図 3.17 の (a),(b),(c),(d) に対応しています）．ここで塩基対はワトソン・クリック (`A-U`, `G-C`) およびウォブル塩基対 (`G-U`) に限定します．また，RNA 鎖の構造上の制約から塩基対を形成可能な塩基ペアの配列中での距離（塩基ペアの間に含まれる塩基の数）の最小値 L を指定する場合も多くあります [*27]．また，最適な 2 次構造は，アラインメントの場合と同様に，動的計画法行列の各セルの最大値がどの状態から計算されたのかを考えることにより，トレースバックにより最適 2 次構造を得ることができます．

最適スコアの計算をアルゴリズム 3.3 に示しました．ここでは，トレースバックのための情報を行列 $\{T(i,j)\}$ に保持しています [*28]（$T(i,j)=1$ が図 3.17(a) の場合; $T(i,j)=2$ が図 3.17(b) の場合; $T(i,j)=3$ が図 3.17(c)；$T(i,j)=k+3$ が図 3.17(d) の場合）．また，動的計画法行列を埋めていく順番について注意をしてください [*29]．

---

*27　この場合 $j-i-1 \geq L$ を塩基対形成の条件として追加します．

*28　アラインメントの場合と同様に，保持をせずにトレースバックの際にその都度計算を行うことも可能です．

*29　(i,j) を埋めるためには，$i < i' < j' < j$ となるすべてのセル (i',j') が計算されている必要があります．

アルゴリズム 3.3 Nussinov アルゴリズム（最適スコア計算）

入力：RNA 配列 x（長さ n）.
1: **for** $i = 1$ to n **do**
2: $M(i,i) \leftarrow 0$, $M(i,i-1) \leftarrow 0$
3: **end for**
4: **for** $l = 1$ to n **do**
5: **for** $i = 1$ to $i < n - l$ **do**
6: $j \leftarrow i + 1$
7: $v \leftarrow M(i+1,j)$; $t \leftarrow 1$
8: **if** $v < M(i,j-1)$ **then**
9: $v \leftarrow M(i,j-1)$; $t \leftarrow 2$
10: **end if**
11: **if**（x_i と y_j が塩基対） **then**
12: $v \leftarrow M(i+1,j-1)+1$; $t \leftarrow 3$
13: **end if**
14: **for** $k = i+1$ to $k < j$ **do**
15: **if** $v < M(i,k) + M(k+1,j)$ **then**
16: $v \leftarrow M(i,k) + M(k+1,j)$; $t \leftarrow k+3$
17: **end if**
18: **end for**
19: $M(i,j) \leftarrow v$; $T(i,j) \leftarrow t$ // T:トレースバック情報
20: **end for**
21: **end for**
22: **return** $M(1,n)$

さらに，アルゴリズム 3.3 で計算をしたトレースバック情報 $\{T(i,j)\}_{i<j}$ を用いて，トレースバックにより最適な 2 次構造の導出を行う手順はアルゴリズム 3.4 に示しました．図 3.17(d) の場合に，分かれた 2 つの 2 次構造部分を決めるために，スタック [*30] を利用していることに注意をしてください．Nussinov アルゴリズムの具体例を図 **3.18** に示しました．

*30 データの後入れ先出しを実現するためのデータ構造です．push がスタックにデータを追加するための関数，pop がスタックからデータを取り出すための関数を表します．

アルゴリズム 3.4 Nussinov アルゴリズム（トレースバック）

```
1: for i = 1 to n do
2:    ss[i] ← '.'
3: end for
4: st.push(1, n) //st はスタック (stack)
5: while st.empty() = false do
6:    (i, j) ← st.pop(); t ← T(i, j)
7:    if t = 1 then
8:       st.push(i + 1, j)
9:    else if t = 2 then
10:      st.push(i, j − 1)
11:   else if t = 3 then
12:      st.push(i + 1, j − 1); ss[i] = '('; ss[j] = ')';
13:   else if t ≥ 4 then
14:      k ← t − 3
15:      st.push(i, k); st.push(k + 1, j);
16:   end if
17: end while
18: return ss
```

最後に，Nussinov アルゴリズムの計算量を考えてみましょう．式 (3.4) の再帰の部分の時間計算量は，最も内側のループ（アルゴリズム 3.3 の手順 3.3 の for ループ）において，i, j, k について多重ループを回す必要があるため $O(n^3)$ となることがわかります（n は入力配列 x の長さ）．またアルゴリズム 3.4 の手順 5 の while ループの回数を見積もることにより，トレースバックの時間計算量は $O(n^2)$ であることがわかるので，全体の時間計算量は $O(n^3)$ であることがわかります．また，空間計算量が $O(n^2)$ であることは，動的計画法行列のサイズが $O(n^2)$ であることより明らかです．

この動的計画法の再帰式で最適解が求まるのは，2 次構造を定義 3.2(p.94) の形に限定しているためです．たとえば，2 次構造に疑似ノット構造 [*31] を

*31 2 次構造が疑似ノット構造を含むとは $i < k < j < l$ が存在して，塩基対 (x_i, x_j) と (x_k, x_l) がともに 2 次構造に含まれることです．

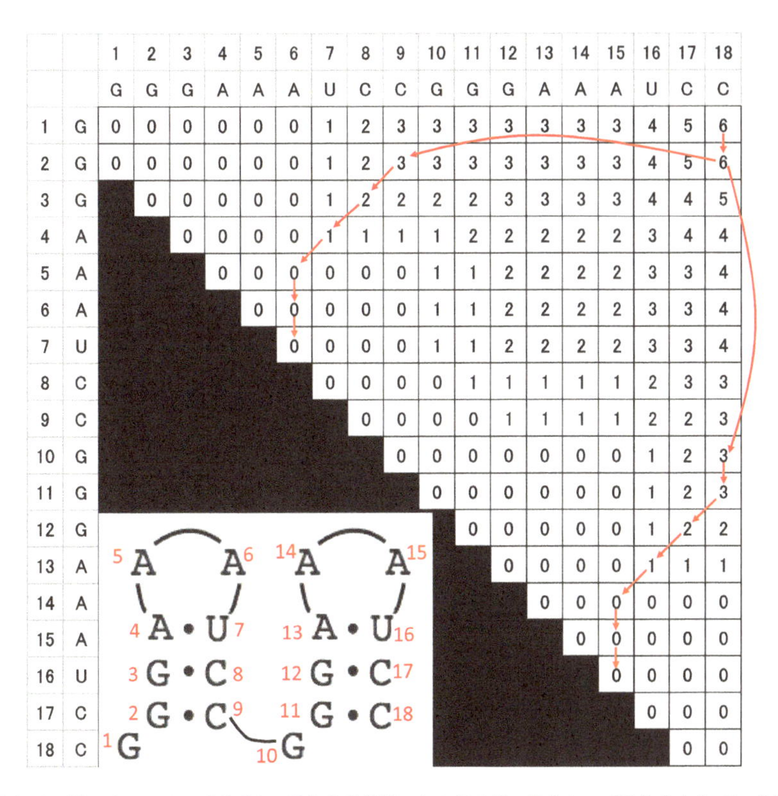

		1	2	3	4	5	6	7	8	9	10	11	12	13	14	15	16	17	18
		G	G	G	A	A	A	U	C	C	G	G	G	A	A	A	U	C	C
1	G	0	0	0	0	0	0	1	2	3	3	3	3	3	3	3	4	5	6
2	G	0	0	0	0	0	0	1	2	3	3	3	3	3	3	3	4	5	6
3	G		0	0	0	0	0	1	2	2	2	2	3	3	3	3	4	4	5
4	A			0	0	0	0	1	1	1	1	2	2	2	2	2	3	4	4
5	A				0	0	0	0	0	0	1	1	2	2	2	2	3	3	4
6	A					0	0	0	0	0	1	1	2	2	2	2	3	3	4
7	U						0	0	0	0	1	1	2	2	2	2	3	3	4
8	C							0	0	0	0	1	1	1	1	1	2	3	3
9	C								0	0	0	0	1	1	1	1	2	2	3
10	G									0	0	0	0	0	0	0	1	2	3
11	G										0	0	0	0	0	0	1	2	3
12	G											0	0	0	0	0	1	2	2
13	A												0	0	0	0	1	1	1
14	A													0	0	0	0	0	0
15	A														0	0	0	0	0
16	U															0	0	0	0
17	C																0	0	0
18	C																	0	0

図 3.18　Nussinov アルゴリズムの具体的計算例．この例では，最小ループ長を 2 としています．矢印は最適 2 次構造を計算する際のトレースバックを表しています．左下が最適な 2 次構造（の 1 つ）となります．

許容した場合，この再帰式により最適解は求まらないことに注意してください（なぜなら，疑似ノットを許容した場合図 3.17 のように場合分けするだけでは不十分であるためです）．

3.7　スコアモデルから確率モデルへ

前節までは，問題 3.2(p.93) と問題 3.3(p.95) に対して，ペアワイズアラインメントおよび RNA2 次構造のスコアを定義し，スコアが最適となる解を求めるための動的計画法のアルゴリズムについて説明しました．このようなスコア最大化の方法はしばしば利用されてますが，最適解の解空間全体における位置づけに関する情報は一切得られません．たとえば，最適解がほかの最適解ではない解に比べてどの程度よい解であるのかを知ることができません．そのため本節では，スコアモデルを拡張し，解空間上の分布を与える**確率モデル** (**probabilistic model**) を導入します．

与えられたRNA配列 x の2次構造に対しては，そのスコアとして自由エネルギーを用いた場合に，**カノニカル分布** (**Canonical distribution**)，または，**ボルツマン分布** (**Boltzmann distribution**) により自然に確率分布を導入することができます．つまり，2次構造 $\theta \in \mathcal{S}(x)$ の確率を

$$p^{(s)}(\theta|x) = \frac{1}{Z}\exp\left(\frac{-E(\theta|x)}{kT}\right) \tag{3.5}$$

で定義します．ここで，$k = R/N$ で N はアボガドロ数，$R = 8.314$ J/K·mol はガス定数，$k = 13.805 \times 10^{-24}$ J/K，$E(\theta|x)$ は配列 x の2次構造 θ の自由エネルギーです ($E(\theta|x)$ はエネルギーモデルで計算されます; 付録 A.3 節)．また，Z は $\sum_{\theta \in \mathcal{S}(x)} p^{(s)}(\theta|x) = 1$ を保証するための正規化定数であり，**分配関数** (**partition function**) と呼ばれます．すなわち

$$Z = \sum_{\theta \in \mathcal{S}(x)} \exp\left(\frac{-E(\theta|x)}{kT}\right) \tag{3.6}$$

と書けます．

ペアワイズアラインメントの場合には，スコアはエネルギーとしては定義されていませんが，ペアワイズアラインメントの確率分布についても，以下の確率分布が導入可能です．

$$p^{(a)}(\theta|x,y) = \frac{1}{Z}\exp\left(\frac{S(\theta|x,y)}{T}\right) \tag{3.7}$$

ここで，$S(\theta|x,y)$ はアラインメント θ のスコアであり，定義3.4で定義されます．また T はスケーリングパラメタ，Z は分配関数

$$Z = \sum_{\theta \in \mathcal{A}(x,y)} \exp\left(S(\theta|x,y)/T\right) \tag{3.8}$$

です．このように，問題3.2(p.93) と問題3.3(p.95) に対しては，スコアモデ

ルから自然に確率モデル（分布）が導入できることがわかりました．また，本章では説明を省きますが，系統樹推定に関しても確率モデルが導入可能です（たとえば文献 [21]）[*32]．そこで，今後は以下の仮定の下で問題 3.1(p.90) を考えることにします．

仮定 1

データ D（たとえば RNA 配列 x）に対する解空間 $\mathcal{B}$ 上の（事後確率）分布 $p(\theta|D)$ が与えられていると仮定します．

すなわち今後は以下の問題を考えます．

問題 3.5（バイナリ空間上の点推定問題 2）

仮定 1 の下で，n 次元バイナリ空間 (**binary space**) の部分空間 $\mathcal{B} \subset \{0,1\}^n$ から 1 点 $\theta \in \mathcal{B}$ を予測しなさい．

さらに，ペアワイズアラインメント（問題 3.2）では，分布が式 (3.7) で，2 次構造予測（問題 3.3）では，分布が式 (3.5) で与えられているとします[*33]．

問題 3.6（ペアワイズアラインメント 2）

2 本の生物配列 x, y と $\mathcal{A}(x,y)$ 上の分布 $p^{(a)}(\theta|x,y)$（式 (3.7)）が与えられた際に $\tau \in \mathcal{A}(x,y)$ を点推定しなさい．

問題 3.7（RNA の 2 次構造予測 2）

RNA 配列 x と $\mathcal{S}(x)$ 上の分布 $p^{(s)}(\theta|x)$（式 (3.5)）が与えられた際に $\tau \in \mathcal{S}(x)$ を点推定しなさい．

---

*32 ただし，系統樹推定の場合，一般に分配関数を効率よく計算を行うための動的計画法のアルゴリズムは知られていません．

*33 実際には，本項最後で触れる通り，異なる確率分布を考える場合もあります．

問題 3.8（系統樹トポロジー推定 2）

葉集合 S と $\mathcal{T}(S)$ 上の分布 $p^{(t)}(\theta|S)$ が与えられた際に $\tau \in \mathcal{T}(S)$ を点推定しなさい．

このように解空間上の分布を仮定した場合，問題 3.5（さらには問題 3.6, 3.7, 3.8）に対して，以下の最尤推定量が導入できます．

定義 3.6（最尤推定量）

問題 3.5 に対して

$$\hat{\theta} = \arg \max_{\theta \in \mathcal{B}} p(\theta|D)$$

を**最尤推定量 (Maximum likelihood estimator, MLE)** と呼びます．

明らかに下記が成立することがわかります．

- 問題 3.2(p.93) でスコアを定義 3.4(p.103) で定義したときのスコア最大の解と問題 3.6 の**最尤推定解** [*34] は一致します．
- 問題 3.3 でスコアを自由エネルギー（定義 A.3, p.160）で定義したときの最小の自由エネルギーの解と問題 3.7 の最尤推定解は一致します．

すなわちスコア最大の解を得ることは最尤推定をしていることと等価になることがわかりました．

確率分布（モデル）の導入方法としては，上記で紹介した以外に，**文法 (grammar)** に基づいた方法があります．ペアワイズアラインメントの場合には，**ペア隠れマルコフモデル (pair hidden Markov model, pHMM)** が，RNA の 2 次構造の場合は**確率文脈自由文法 (stochastic context free grammar, SCFG)** が対応する確率モデルとなります．確率モデルを導入するもう 1 つのよい点は，学習データを用いることによりモデルに含まれる

*34 本章では最尤推定量により推定された解を最尤推定解と呼ぶことにします．

パラメタの学習が可能となることです [*35]．これらに関しては，本書では詳しくは触れません．

3.8 分配関数の計算方法

前節で導入した分配関数（式 (3.6) と式 (3.8)）は，与えられたデータに対して定数となるため，最尤推定解（定義 3.6）を求める場合には，正規化定数である分配関数を計算する必要はありません．一方で，与えられた解の確率値を求めるためには正規化定数を計算することが必要となります．正規化定数の計算を行うためには，すべての解候補に関して和をとる必要があるため，3.4 節で見た通り，解の候補数が膨大になるということを鑑みると現実的な計算コストで計算することが不可能であるかのように思われます．しかし，問題 3.6 と問題 3.7 に関しては，動的計画法を用いることにより，多項式オーダーでの正規化定数の計算が可能となります．

3.8.1 ペアワイズアラインメントの分配関数

本項では，問題 3.6 の分配関数 Z（式 (3.8)）を計算する動的計画法を説明します．この際アラインメントのスコアには，図 3.16(p.112) で示されるアフィンギャップモデルを考えます．動的計画法行列の要素となる**前向き変数 (forward variable)** $F^\sigma(i,j)$ を状態 σ（M または X または Y）で終了する部分配列 $x[1,i]$, $y[1,j]$ の間の分配関数であるとします（たとえば，$F^M(i,j)$ は $x[1,i]$ と $y[1,j]$ の間の，x_i と y_j が整列するアラインメントに対する分配関数となります）．すると，定義より明らかな通り，最終的に分配関数は，

$$Z = F^M(n,m) + F^X(n,m) + F^Y(n,m)$$

として求まります．以下では，$s'_{i,j} = \exp(s(x_i,y_j)/T)$, $d' = \exp(-d/T)$, $e' = \exp(-e/T)$ と表記します．

第 1 に，定義より前向き変数の初期化は以下となります：
$F^M(0,0) = 1$, $F^X(i,0) = \exp((-d-(i-1)e)/T)$ $(i > 0)$, $F^Y(0,i) = \exp((-d-(j-1)e)/T)$ $(j > 0)$．$F^M(i,0) = F^M(0,j) = F^X(0,j) =$

*35 アラインメントの場合，ギャップコストや置換スコア行列を与えられた配列ペアの集合から計算することができます．この際正解のアラインメントは必要ありません．

$F^Y(i,0)=0$. また，$i,j>0$ に対しては，以下の再帰式を満たします．

$$F^M(i,j)=(F^M(i-1,j-1)+F^X(i-1,j-1)+F^Y(i-1,j-1))s'_{i,j}, \tag{3.9}$$

$$F^X(i,j)=F^M(i-1,j)d'+F^X(i-1,j)e', \tag{3.10}$$

$$F^Y(i,j)=F^M(i,j-1)d'+F^Y(i,j-1)e' \tag{3.11}$$

これは，$\exp(a)\exp(b)=\exp(a+b)$ であることに注意すると容易に導出ができます．たとえば，$F^M(i,j)$ に関する再帰式は，**図 3.19** を見ると理解しやすいと思います．また，この再帰式の右辺の和操作 ($\sum$) を最大値操作 (max) に変更した場合には，$f(\theta)=\exp(S(\theta|x,y)/T)$ の $\theta\in\mathcal{S}(x)$ に対する最大化（すなわち，$\max_{\theta\in\mathcal{A}(x,y)} f(\theta)$ を行っていること）と本質的に等価となります．これは，ちょうどアフィンギャップコストの場合の動的計画法の再帰式（3.6.1

$$\sum\left\{\begin{array}{l} \overbrace{\left(\sum_{\text{ANY}}\exp\frac{s\left[\text{ANY}\begin{smallmatrix}x_{i-1}\\y_{j-1}\end{smallmatrix}\right]}{T}\right)}^{F^M(i-1,j-1)}\overbrace{\exp\frac{s(x_i,y_j)}{T}}^{s'_{ij}}\\ \overbrace{\left(\sum_{\text{ANY}}\exp\frac{s\left[\text{ANY}\begin{smallmatrix}x_{i-1}\\-\end{smallmatrix}\right]}{T}\right)}^{F^X(i-1,j-1)}\exp\frac{s(x_i,y_j)}{T}\\ \overbrace{\left(\sum_{\text{ANY}}\exp\frac{s\left[\text{ANY}\begin{smallmatrix}-\\y_{j-1}\end{smallmatrix}\right]}{T}\right)}^{F^Y(i-1,j-1)}\exp\frac{s(x_i,y_j)}{T}\end{array}\right. = \sum\left\{\begin{array}{l}\left(\sum_{\text{ANY}}\exp\frac{s\left[\text{ANY}\begin{smallmatrix}x_{i-1}\\y_{j-1}\end{smallmatrix}\right]+s(x_i,y_j)}{T}\right)\\ \left(\sum_{\text{ANY}}\exp\frac{s\left[\text{ANY}\begin{smallmatrix}x_{i-1}\\-\end{smallmatrix}\right]+s(x_i,y_j)}{T}\right)\\ \left(\sum_{\text{ANY}}\exp\frac{s\left[\text{ANY}\begin{smallmatrix}-\\y_{j-1}\end{smallmatrix}\right]+s(x_i,y_j)}{T}\right)\end{array}\right.$$

$$=\sum\left\{\begin{array}{l}\left(\sum_{\text{ANY}}\exp\frac{s\left[\text{ANY}\begin{smallmatrix}x_{i-1}\,x_i\\y_{j-1}\,y_j\end{smallmatrix}\right]}{T}\right)\\ \left(\sum_{\text{ANY}}\exp\frac{s\left[\text{ANY}\begin{smallmatrix}x_{i-1}\,x_i\\-\;\;y_j\end{smallmatrix}\right]}{T}\right)\\ \left(\sum_{\text{ANY}}\exp\frac{s\left[\text{ANY}\begin{smallmatrix}-\;\;x_i\\y_{j-1}\,y_j\end{smallmatrix}\right]}{T}\right)\end{array}\right. = \left(\sum_{\text{ANY}}\exp\frac{s\left[\text{ANY}\begin{smallmatrix}x_i\\y_j\end{smallmatrix}\right]}{T}\right) = F^M(i,j)$$

図 3.19　$F^M(i,j)$ の再帰式 (3.9) が成立することのグラフィカルな説明．左上が，$(F^M(i-1,j-1)+F^X(i-1,j-1)+F^Y(i-1,j-1))s'_{i,j}$ の 3 つの和に対応します．「ANY」の部分は任意のアラインメントを表します．

項）に対応していることに注意してください．以上より，前向きアルゴリズムの計算量は，NW アルゴリズムとまったく同一の計算量 ($O(nm)$) となることもわかります．

前述の通り，最終的に分配関数は，$Z = F^M(n,m)+F^X(n,m)+F^Y(n,m)$ として求まります．分配関数が得られたことにより，アラインメントの最適なスコアだけではなく，最適なアラインメントの解空間における確率が計算できるようになりました．

アルゴリズム 3.5 前向きアルゴリズム

入力：生物配列 x（長さ n）と y（長さ m）
1: $F^M(0,0) = 1$; $F^X(0,0) = F^Y(0,0) = 0$
2: **for** $i = 0$ to n **do**
3: $\quad F^X(i,0) \leftarrow \exp((-d-(i-1)e)/T)$
4: **end for**
5: **for** $j = 0$ to m **do**
6: $\quad F^Y(0,j) \leftarrow \exp((-d-(j-1)e)/T)$
7: **end for**
8: **for** $i = 1$ to n **do**
9: $\quad$ **for** $j = 1$ to m **do**
10: $\quad\quad F^M(i,j) \leftarrow (F^M(i-1,j-1)+F^X(i-1,j-1)+F^Y(i-1,j-1))s'_{ij}$
11: $\quad\quad F^X(i,j) \leftarrow F^M(i-1,j)d' + F^X(i-1,j)e'$
12: $\quad\quad F^Y(i,j) \leftarrow F^M(i,j-1)d' + F^Y(i,j-1)e'$
13: $\quad$ **end for**
14: **end for**
15: $Z = F^M(n,m) + F^X(n,m) + F^Y(n,m)$
16: **return** Z

3.8.2 RNA 2 次構造の分配関数

RNA の 2 次構造のエネルギーモデルに対する分配関数の計算方法は，McCaskill が提案しています [23]．数式は若干複雑であるため，詳細は付録に回しましたので，興味のある読者はそちらを参照してください（初学者は飛ばしても構いません）．このアルゴリズムは，Nussinov のアルゴリズムと同一の計算量，すなわち時間計算量が $O(n^3)$，空間計算量が $O(n^2)$ となります．

3.9 周辺化確率

仮定 1 の場合に，**周辺化確率** (**marginal probability**) は特定の条件を満たす解の確率の和を意味します．すなわち，解空間 $\mathcal{B}$ の特定の条件を満たす部分集合 $\mathcal{C}$ を用いて

$$p_{\mathcal{C}} = \sum_{\theta \in \mathcal{C}} p(\theta|D) \tag{3.12}$$

と書けます（D はたとえばアラインメントの場合入力配列 x, y）．適切な条件に対する周辺化確率は，後の節で示す通り，しばしば点推定した解自体の確率に比べて大幅に大きくなるだけでなく，有用な情報を含んでいる場合があります（後の 3.12.1 項で説明をします）．問題 3.5(p.119) に関しては，$C(i) = \{\theta \in \mathcal{B} | \theta_i = 1\}$ に対して周辺化確率

$$p_i = \sum_{\theta \in C(i)} p(\theta|D) = \sum_{\theta \in \mathcal{B}} I(\theta_i = 1) p(\theta|D) \tag{3.13}$$

が定義可能となります．これは，i 番目のバイナリ変数が 1 となる周辺化確率です．以下で見る通り，ペアワイズアラインメント（問題 3.6，p.119）の場合，この周辺化確率は**整列確率**，RNA2 次構造予測（問題 3.7，p.119）の場合には**塩基対確率** と呼ばれるものとなります．

3.9.1 整列確率

問題 3.6 を考えます．2 本の配列 x と y が与えられた際に，x_i と y_k が整列される周辺化確率を**整列確率** (**alignment probability, AP**) と呼び，$p_{ij}^{(a)}$ と表記します．これは式 (3.13) の形の周辺化確率となります：

$$p_{ij}^{(a)} = \sum_{\theta \in \mathcal{C}^M(i,k)} p(\theta|x,y) = \sum_{\theta \in \mathcal{A}(x,y)} I(\theta_{ij} = 1) p(\theta|x,y) \tag{3.14}$$

ここで $\mathcal{C}^M(i,k) (\subset \mathcal{A}(x,y))$ は x_i と y_j が整列されている x と y のペアワイズアラインメントすべての集合です．x と y の任意の文字ペアに対する整列

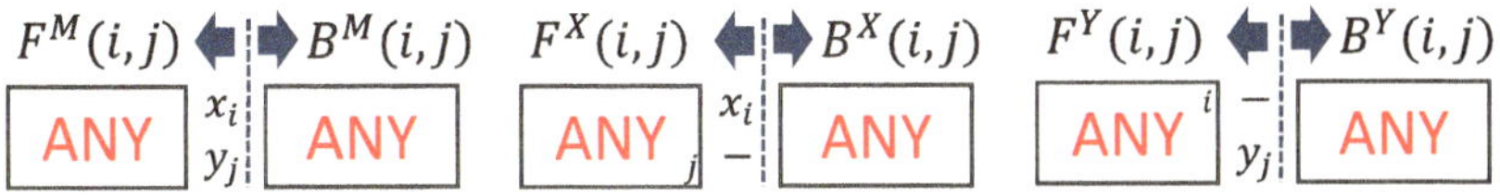

図 3.20 $F^\sigma(i,j)$ と $B^\sigma(i,j)$ の関係．「ANY」の部分は任意の部分アラインメントを表します．(b) では x_i は y_j と y_{j+1} の間のギャップと対応します．(c) では y_j は x_i と x_{i+1} の間のギャップに対応します．

確率の集合は，$n \times m$ 行列 $p^{(a)} = \{p^{(a)}_{ij}\}_{1 \leq i \leq n, 1 \leq j \leq m}$ と表され，これを**整列確率行列 (alignment probability matrix, APM)** と呼びます．この整列確率行列は以降で重要な役割を果たします．

以下では，整列確率行列の計算方法を見ていきましょう．まず，**後ろ向き変数 (backward variable)** $B^\sigma(i,j)$ $(\sigma = M, X, Y)$ を

$$F^\sigma(i,j)B^\sigma(i,j) = \sum_{\theta \in \mathcal{C}^\sigma(i,j)} \exp\left(\frac{S(\theta|x,y)}{T}\right)$$

を満たすものと定義します（図 **3.20**）．ここで $F^\sigma(i,j)$ は前向き変数（式 (3.9)〜(3.11)，p.122）です．また，

$$\mathcal{C}^M(i,j) = \{\theta \in \mathcal{A}(x,y) | x_i \text{と } y_j \text{が整列}\}$$
$$\mathcal{C}^X(i,j) = \{\theta \in \mathcal{A}(x,y) | x_i \text{が「} y_j \text{と } y_{j+1} \text{の間のギャップ」と整列}\}$$
$$\mathcal{C}^Y(i,j) = \{\theta \in \mathcal{A}(x,y) | y_j \text{が「} x_i \text{と } x_{i+1} \text{の間のギャップ」と整列}\}$$

です．たとえば，$F^M(i,j)B^M(i,j)$ は「x_i と y_j が整列されている x と y のアラインメント」すべてに対するスコア（正確にはスコアを T で割って指数をとったもの）の和となります．容易にわかる通り，後ろ向き変数を用いると，整列確率は

$$\begin{aligned} p^{(a)}_{ij} &= \sum_{\theta \in \mathcal{A}(x,y)} I(\theta_{ij} = 1) p(\theta|x,y) \\ &= \sum_{\theta \in \mathcal{C}^M(i,j)} p^{(a)}(\theta|x,y) = \frac{F^M(i,j)B^M(i,j)}{Z} \end{aligned} \tag{3.15}$$

と計算されます．

後ろ向き変数が計算できると整列確率が計算できることがわかりました．

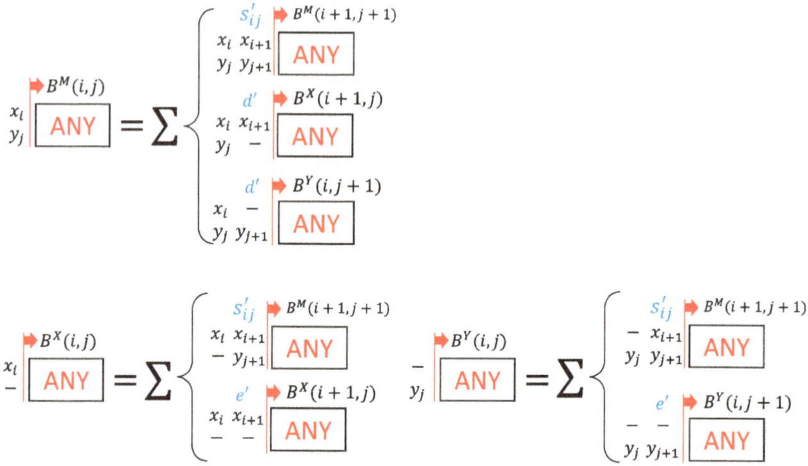

図 3.21 $B^{\sigma}(i,j)$ 計算の再帰式のグラフィカルな説明.

それでは，後ろ向き変数はどのように計算するのでしょうか．前向き変数と同様に，後ろ向き変数も**後ろ向きアルゴリズム (backward algorithm)** と呼ばれる動的計画法により効率的に計算することが可能です．すなわち，B^{σ} は以下の再帰式を用いて計算が可能となります.

$$
\begin{aligned}
&B^M(n,m) = B^X(n,m) = B^Y(n,m) = 1\\
&B^M(i,j) = B^M(i+1,j+1)s'_{i+1,j+1} + B^X(i+1,j)d' + B^Y(i,j+1)d'\\
&B^X(i,j) = B^M(i+1,j+1)s'_{i+1,j+1} + B^X(i+1,j)e'\\
&B^Y(i,j) = B^M(i+1,j+1)s'_{i+1,j+1} + B^Y(i,j+1)e'
\end{aligned}
$$

ここで，$s'_{i,j} = \exp(s(x_i,y_j)/T)$, $d' = \exp(-d/T)$, $e' = \exp(-e/T)$ です．後ろ向きアルゴリズムのグラフィカルな説明を**図 3.21** に載せました．また，後ろ向きアルゴリズムの詳細はアルゴリズム 3.6 に記載しました．容易にわかる通り，このアルゴリズムの計算量は，x の配列長を n, y の配列長を m とした場合，$O(nm)$ となります.

以上をまとめると，整列確率行列は，以下の手順で計算されます.

1. 前向きアルゴリズム（アルゴリズム 3.5, p.123）により分配関数 Z と

$\{F^M(i,j)\}_{i,j}$ を計算する（$O(mn)$ の計算量）.

2. 後ろ向きアルゴリズム（アルゴリズム 3.6）により $\{B^M(i,j)\}_{i,j}$ を計算する ($O(mn)$ の計算量).
3. 式 (3.15) により整列確率行列 $\{p_{ij}^{(a)}\}_{i,j}$ を計算する.

実際には, 後ろ向きアルゴリズムを実行しながら, 整列確率を計算することが可能です (アルゴリズム 3.6 の手順 16). よって, 整列確率行列 $\{p_{ij}^{(a)}\}_{1\leq i<j\leq n}$ は $O(nm)$ で計算することが可能であることがわかりました. $O(nm)$ は最適スコアのアラインメントを求めるアルゴリズムの計算量と同一であることに注目してください.

アルゴリズム 3.6 後ろ向きアルゴリズム

入力：生物配列 x（長さ n）と y（長さ m）
1: $B^M(n,m) = B^X(n,m) = B^Y(n,m) \leftarrow 1$
2: **for** $i = n$ to 0 **do**
3: **for** $j = m$ to 0 **do**
4: **if** $i < n$ & $j < m$ **then**
5: $B^\sigma(i,j) \leftarrow B^\sigma(i,j) + B^\sigma(i+1,j+1)s'_{ij}$, $\sigma = M, X, Y$
6: **end if**
7: **if** $i < n$ **then**
8: $B^M(i,j) \leftarrow B^M(i,j) + B^X(i+1,j)d'$
9: $B^X(i,j) \leftarrow B^X(i,j) + B^X(i+1,j)e'$
10: **end if**
11: **if** $j < m$ **then**
12: $B^M(i,j) \leftarrow B^M(i,j) + B^Y(i,j+1)d'$
13: $B^Y(i,j) \leftarrow B^Y(i,j) + B^Y(i,j+1)e'$
14: **end if**
15: **if** $i > 0$ & $j > 0$ **then**
16: $p_{ij} \leftarrow F^M(i,j)B^M(i,j)/Z$
17: **end if**
18: **end for**
19: **end for**

3.9.2 塩基対確率

問題3.7(p.119) を考えます．RNA 配列 x に対して，**塩基対確率** $p_{ij}^{(b)}$ とは，x_i と x_j が塩基対を形成する確率で，式 (3.13) のタイプの周辺化確率として以下の通り定義されます．

$$p_{ij}^{(b)} = \sum_{\theta \in \mathcal{C}(i,j)} p^{(s)}(\theta|x) = \sum_{\theta \in \mathcal{S}(x)} I(\theta_{ij} = 1) p^{(s)}(\theta|x) \tag{3.16}$$

ここで $\mathcal{C}(i,j)(\subset \mathcal{S}(x))$ は x_i と x_j が塩基対を形成する 2 次構造全体の集合とします．配列 x の任意の塩基ペアの組合せに対する塩基対確率の集合全体は**塩基対確率行列 (base-pairing probability matrix, BPPM)** と呼ばれ，上三角行列 $p^{(b)} = \{p_{ij}^{(b)}\}_{1 \le i < j \le n}$ で表現することができます．McCaskill のモデルに対する塩基対確率行列は動的計画法を用いて，Nussinov アルゴリズムと同一の計算量，すなわち，$O(n^3)$ の時間計算量と $O(n^2)$ の空間計算量で計算可能となります（付録 A.3 節を参照）．

3.9.3 葉分割確率

問題3.8(p.120) を考えます．葉の集合 S に対する系統樹トポロジー θ，葉集合 $X \in S^{\frac{1}{2}}$ に対する**葉分割確率 (leaf splitting probabilities, LSP)** p_X とは，系統樹 θ の特定の枝切断により葉分割 $(X, S \setminus X)$ が得られる周辺化確率

$$p_X = \sum_{\theta \in \mathcal{C}(X)} p^{(t)}(\theta|S) = \sum_{\theta \in \mathcal{T}(S)} I(\theta_X = 1) p^{(t)}(\theta|S) \tag{3.17}$$

で定義されます．ここで $\mathcal{C}(X)$ は枝切断による X と $S \setminus X$ の葉分割を持つ系統樹トポロジーの集合となります．葉分割確率全体の集合 $\{p_X\}_{X \in S^{\frac{1}{2}}}$ を葉分割確率集合と呼びます．行列で直感的かつ視覚的に表示可能な塩基対確率行列や整列確率行列とは異なり，葉分割確率集合全体を視覚化することは難しいことがわかります．また，整列確率や塩基対確率のように，葉分割確率を動的計画法により効率的に計算するアルゴリズムは知られていません．そのため，系統樹トポロジーの事後確率空間からサンプリングをした系統樹トポロジー集合に対して，近似的に葉分割確率の計算が行われます．付録 A.6 節も参照してください．

3.10 推定方法設計の理論と方法

3.10.1 最尤推定とその問題点

3.7 節では，アラインメントや RNA2 次構造のスコアを最大化する予測とスコアモデルから導入される確率モデルの最尤推定解が等価であることを見ました．また，ペアワイズアラインメントと RNA の 2 次構造予測に対しては，スコアを最大にする解（最尤推定解）は動的計画法を用いることにより効率的に計算が可能であることも見てきました．実用上は，スコア最大化または最尤推定は現在でも多くの場合で利用されています．しかしながら，私たちが現在注目している「高次元離散空間上の推定問題」においては，最尤推定解（量）は必ずしも優れた解（推定量）とはなっていません．以下はその典型的な例となります．

n 次元バイナリ空間 $\mathcal{B}=\{0,1\}^n$ の 1 点 $\theta\in\mathcal{B}$ を点推定する問題を考えます（図 **3.22**）．今 $\mathcal{B}$ 上の確率分布が

$$
p(\theta|D)=\begin{cases} p_1:=\frac{1}{n+3} & \theta\in\mathcal{S}:=\{(x_1,\ldots,x_n)|x_k\in\{0,1\},\sum_{k=1}^n x_k\le 1\} \\ p_2:=\frac{2}{n+3} & \theta=\theta^1:=(1,1,\ldots,1) \\ 0 & \text{上記以外} \end{cases}
$$

であると仮定します（$\sum_{\theta\in Y}p(\theta|D)=1$ が成立しますので，$p(\theta|D)$ は $\mathcal{B}$ 上の確率分布となっています）．このとき，最尤推定解は $\theta^1=\arg\max_{\theta\in\mathcal{B}}p(\theta|D)=(1,1,\ldots,1)$ となります．一方，$\theta^0=(0,0,\ldots,0)$ に対して

$$
\sum_{\theta:H(\theta^0,\theta)\le 1}p(\theta|D)=\frac{n+1}{n+3}\sim 1
$$

が成立することがわかります（$H(\cdot,\cdot)$ はハミング距離を表します）．これは θ^0 からハミング距離が 1 以下の解の確率の和が非常に大きくなることを意味しています．たとえば $n=997$ の場合，θ^0 からハミング距離が 1 以下の解の確率の和は 0.998 ですが，最尤推定解の確率はわずか 0.002 です．ハミング距離の近い解が類似した解を表している場合 [*36]，θ^0 が最尤推定解 θ^1 よ

*36　これは本章で考えている 3 つの問題に対しては正しいです．たとえば，2 次構造 $\theta\in\mathcal{S}(x)$ の場合，ハミング距離が '1' であることは，塩基対が 1 つだけ異なる構造であることを意味しています．

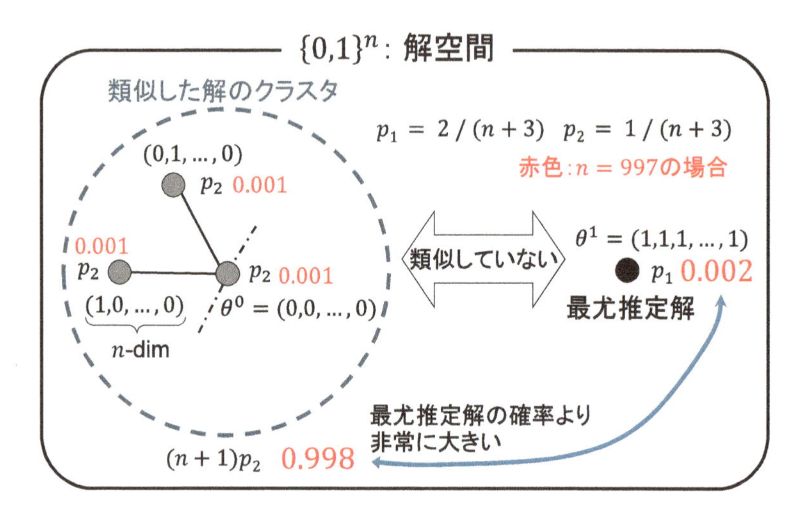

図 3.22 問題 3.5(p.119) で最尤推定解がよい点推定となっていない例 [6]．θ^1 が最尤推定解となりますが，θ^0 とその周り（ハミング距離が 1 以下）の解を合計した確率が大幅に大きくなります．類似したバイナリベクトルが類似した解を表現しているとすると，θ^1 はよい推定量とはなっていないことがわかります．

りもよい解であると考えられます．なぜならば，θ^0 と類似した解を集めたクラスタの確率が最尤推定解の確率値に比べて，非常に大きくなっている一方で，最尤推定解のまわりには類似した解が 1 つも存在していないためです．この現象は，解空間のサイズが大きくなるほど顕著に現れることに注意してください．実際，私たちが本章で考えている問題では解空間のサイズが非常に大きくなることを 3.4 節で見てきました．これらの問題では，上記の例ほど極端ではないかもしれませんが，似たような状況が起きたとしても何ら不思議ではありません．すなわち，私たちが直面している問題においては，最尤推定量は必ずしも優れた予測を与えないことがわかります．それでは最尤推定量に替わりどのような推定量を用いればよいのでしょうか．次項では最尤推定量に替わる推定量について考えていきたいと思います．

3.10.2 期待利益最大化推定

本項では最尤推定量を含む一般的な推定量である**期待利益最大化推定量**

(**Maximum expected gain estimator, MEG 推定量**) を次の通り導入します [*37]

定義 3.7（MEG 推定量）

問題 3.5(p.119) に対して，期待利益最大化推定量（MEG 推定量）は

$$\hat{\tau}^{(MEG)} = \arg\max_{\tau\in\mathcal{B}} \sum_{\theta\in\mathcal{B}} G(\theta,\tau)p(\theta|D)$$

で定義される推定量です．ここで，$G : \mathcal{B}\times\mathcal{B} \to \mathbb{R}^+$ は**利益関数** (**gain function**) と呼ばれます．

利益関数 G は，2 つの解の類似度を与える関数です．容易にわかる通り，利益関数をデルタ関数 $G(\theta,\tau) = \delta(\theta,\tau)$ とした場合，**MEG 推定量は最尤推定量と等価になります**．本節の最後に，最尤推定量とは異なる MEG 推定量の 1 つとして γ セントロイド推定量を導入します．

定義 3.8（γ セントロイド推定量）

問題 3.5 に対して γ セントロイド推定量 (**γ-centroid estimator**) とは，利益関数

$$G_\gamma^{(c)}(\theta,\tau) = \sum_{i=1}^{n} [I(\theta_i = 0)I(\tau_i = 0) + \gamma I(\theta_i = 1)I(\tau_i = 1)] \tag{3.18}$$

により定義される MEG 推定量です ($\gamma \geq 0$); I は指示関数です (3.2 節)．

この推定量の意味および意義に関しては次の 3.10.3 項で明らかになります．

*37 これは，損失関数 $L(\theta,\tau)$ に対する，**期待損失最小化推定量** (**Minimum expected loss estimator**) と等価な推定量となります．本章で損失関数ではなく利益関数を用いた理由は後で明らかになります．

3.10.3 利益関数と評価指標——期待精度最大化推定——

前項では, 最尤推定量を含む推定量として, 期待利益最大化推定量（MEG推定量）を導入しました. 具体的なMEG推定量を決めるためには, 利益関数が必要となります. それでは, この利益関数はどのように決めればよいのでしょうか. これは, 問題の性質やその目的によって異なってくると考えられます. 本項では, 予測を評価する際の**評価指標 (evaluation measure)** が存在する場合に, その評価指標に適合した利益関数を利用する方法について説明します.

A) 評価指標と期待利益最大化推定

再び, 問題3.5を考えましょう. このとき, 予測 $\tau \in \mathcal{B} \subset \{0,1\}^n$ に対して, バイナリベクトル τ の各次元の値「1」または「0」は, それぞれ,（何らかの）ポジティブ, または, ネガティブな予測として与えられる場合が多いです. たとえば, ペアワイズアラインメントの場合, 文字ペアが整列される (1), あるいは, 整列されない (0) を意味しています（定義3.1, p.92）; 2次構造予測の場合塩基のペアが結合する (1) か結合しない (0) かを表しています（定義3.2）; 系統樹トポロジーの推定の場合, 葉分割が存在する (1) か存在しない (0) かを表しています. 今, 予測 $\tau \in \mathcal{B}$ に対応する正解 $\theta \in \mathcal{B}$ が与えられていて, 予測のよさを評価することを考えます. このとき, 予測と正解のバイナリベクトルの各次元に基づいて**真陽性 (true positive, TP)** の数（予測と正解ともに「1」である数）, **真陰性 (true negative, TN)** の数（予測と正解ともに「0」である数）, **偽陽性 (false positive, FP)** の数（予測が「1」正解が「0」である数）, **偽陰性 (false negative, FN)** の数（予測が「0」正解が「1」である数）を定義することができます. これらをそれぞれ, $\mathrm{TP}(\theta,\tau)$, $\mathrm{TN}(\theta,\tau)$, $\mathrm{FP}(\theta,\tau)$, $\mathrm{FN}(\theta,\tau)$ と表記することにすると,

$$\mathrm{TP} = \mathrm{TP}(\theta,\tau) = \sum_{i=1}^{n} I(\tau_i = 1)I(\theta_i = 1), \tag{3.19}$$

$$\mathrm{TN} = \mathrm{TN}(\theta,\tau) = \sum_{i=1}^{n} I(\tau_i = 0)I(\theta_i = 0), \tag{3.20}$$

$$\mathrm{FP} = \mathrm{FP}(\theta,\tau) = \sum_{i=1}^{n} I(\tau_i = 1)I(\theta_i = 0), \tag{3.21}$$

$$\mathrm{FN} = \mathrm{FN}(\theta, \tau) = \sum_{i=1}^{n} I(\tau_i = 0) I(\theta_i = 1). \tag{3.22}$$

と計算されます．明らかに，真の予測が多く，偽の予測が少ない推定が優れていると考えられるので，正しい予測の数（TP および TN）に対して正の値，間違った予測の数（FP および FN）に対して負の値を与える利益関数

$$G^{(acc)}(\theta, \tau) = \alpha_1 \mathrm{TP}(\theta, \tau) + \alpha_2 \mathrm{TN}(\theta, \tau) - \alpha_3 \mathrm{FP}(\theta, \tau) - \alpha_4 \mathrm{FN}(\theta, \tau) \tag{3.23}$$

を導入します（α_k は正の定数; $k = 1, 2, 3, 4$）．この利益関数に対する MEG 推定量は，「正解」が分布 $p(\theta|D)$ に従うとした場合に，期待値として正しい予測 (TP, TN) を多く，誤った予測 (FP, FN) を少なくする推定量となります [*38]．すなわち，この MEG 推定量は，**感度 (sensitivity)**, **陽性的中率 (positive predictive value, PPV)**, **Matthews correlation coefficient (MCC)**，**F 値 (F-score)** などの TP, TN, FP, FN を用いて定義される評価指標に対して適合した推定量となっていることがわかります（これらの評価指標の定義は付録 A.4 節を参照してください）．

B) 期待利益最大化推定量から期待精度最大化推定量へ

このように，評価関数や精度関数に適合した利益関数に基づいた MEG 推定量を**期待精度最大化推定量 (maximum expected accuracy estimator , MEA estimator)** と呼ぶことにします．それでは，期待精度最大化の観点から最尤推定量を考えてみましょう．最尤推定量の利益関数はデルタ関数であることは前述した通りですが，デルタ関数を評価指標として用いる場合，予測と正解が完全に一致した場合**だけ**に正の値「1」が評価に反映されます．逆のいい方をすると，どんなに正解に近い解を予測していたとしても正解に完全に一致していない場合には評価指標にはまったく反映されません．たとえば，2 次構造予測の場合，予測 2 次構造が 1 つの塩基対も違わずに正解と一致した場合にだけ評価指標に反映されます．しかしながら，予測の評価としてこのような指標が使われることはほとんどありません（なぜなら，評価指標としては厳しすぎるからです）．すなわち，最尤推定量は，期

*38 正解が分布 $p(\theta|D)$ に従うということに違和感を覚える読者もいるかもしれませんが，たとえば，RNA の 2 次構造の場合，細胞内では，2 次構造が $p^{(s)}(\theta|x)$ に従って揺らいでいることを考えると理解しやすいと思います．

待精度最大化の観点からするとあまりよくない推定量であることが想像されます.

面白いことに，式 (3.23) の利益関数に対応する MEG 推定量は，定義 3.8 で導入した γ セントロイド推定量と等価であることがわかります.

定理 3.4

利益関数 $G^{(acc)}(\theta, \tau)$（式 (3.23)）を用いて定義される MEG 推定量（定義 3.7）は $\gamma = \frac{\alpha_1+\alpha_4}{\alpha_2+\alpha_3}$ とした場合の γ セントロイド推定量（定義 3.8）と等価となります.

証明.

任意の i に対して $I(\tau_i = 1) + I(\tau_i = 0) = 1$ となるので，式 (3.19)〜(3.22) より，

$$\mathrm{TP} + \mathrm{FN} = \sum_i I(\theta_i = 1) \text{ および } \mathrm{TN} + \mathrm{FP} = \sum_i I(\theta_i = 0)$$

が成立します．したがって，

$$\begin{aligned}
\text{式 (3.23)} &= \alpha_1 \mathrm{TP} + \alpha_2 \mathrm{TN} - \alpha_3 \mathrm{FP} - \alpha_4 \mathrm{FN} \\
&= (\alpha_1 + \alpha_4)\mathrm{TP} + (\alpha_2 + \alpha_3)\mathrm{TN} - \alpha_3 \sum_i I(\theta_i = 0) - \alpha_4 \sum_i I(\theta_i = 1) \\
&= (\alpha_2 + \alpha_3)\left(\frac{\alpha_1 + \alpha_4}{\alpha_2 + \alpha_3}\mathrm{TP} + \mathrm{TN}\right) - \alpha_3 \sum_i I(\theta_i = 0) - \alpha_4 \sum_i I(\theta_i = 1) \\
&= C \sum_{i=1}^{n} \left(\frac{\alpha_1 + \alpha_4}{\alpha_2 + \alpha_3} I(\theta_i = 1) I(\tau_i = 1) + I(\theta_i = 0)(\tau_i = 0)\right) + D(\theta)
\end{aligned}$$

が得られます．ここで，C は定数，$D(\theta)$ は τ によらない θ の関数です．よって，利益関数（式 (3.23)）に対する MEG 推定量は，$\gamma = \frac{\alpha_1+\alpha_4}{\alpha_2+\alpha_3}$ とした場合の γ セントロイド推定量（定義 3.8）と等価となることが証明されました． □

定理 3.4 と本項 A) の議論により，γ セントロイド推定量は，解空間のバイナリ変数から計算される感度や PPV, MCC などに適した推定量であることがわかります．ここで，γ セントロイド推定量のパラメタ γ は，予測の感度と PPV を調節するパラメタであると考えることができます．γ が大きいほど，真陽性を正しく予測することに対する利益が大きくなるため，多くのポ

ジティブな予測（「1」）をするようになるためです．この際，$\gamma = 1$ の場合には，以下の結果が得られます．

系 3.5

1-セントロイド推定はハミング距離の期待値を最小にする予測

$$\hat{\tau} = \arg\max_{\tau \in \mathcal{B}} E_{p(\theta|D)}[H(\theta, \tau)]$$

と等価となります．

証明.

ハミング距離が

$$H(\theta, \tau) = n - \sum_{i=1}^{n} (I(\theta_i = 0) I(\tau_i = 0) + I(\theta_i = 1)(\tau_i = 1))$$

であることより明らかに成立します． □

C) γ セントロイド推定量の計算方法

γ セントロイド推定量の実際の計算には以下の結果を用いると便利です．

定理 3.6

問題 3.5(p.119) に対する γ セントロイド推定量は

$$\hat{\tau} = \arg\max_{\tau \in \mathcal{B}} \sum_{i=1}^{n} [(\gamma + 1) p_i - 1] \, I(\tau_i = 1)$$

と等価になります．ここで $p_i = \sum_{\theta \in \mathcal{B}} I(\theta_i = 1) p(\theta|D)$ です．

証明.

γ セントロイド利益関数の期待値は，

$$\begin{aligned} E_{\theta|D}[G(\theta, \tau)] &= \sum_{\theta \in \mathcal{B}} \sum_{i=1}^{n} [\gamma I(\theta_i = 1) I(\tau_i = 1) + I(\theta_i = 0) I(\tau_i = 0)] \, p(\theta|D) \\ &= \sum_{i=1}^{n} [\gamma \cdot p_i \cdot I(\tau_i = 1) + (1 - p_i)(1 - I(\tau_i = 1))] \end{aligned}$$

$$= \sum_{i=1}^{n} \left[(\gamma+1)p_i - 1\right] I(\tau_i = 1) + \sum_{i=1}^{n}(1-p_i)$$

と計算できます．最終項は定数なので，定理が成立します． □

系 3.7

問題 3.5 において，解空間 $\mathcal{B}$ が次の条件を満たすとします．

条件: $\tau = \{\tau_i\} \in \mathcal{B}$ ならば $\tau' = \{\tau'_i\} \in \mathcal{B}$ である．ここで任意の i に対して $\tau'_i \in \{\tau_i, 0\}$ であるとする [*39]

このとき，$\mathcal{B}' = \{\tau \in \mathcal{B} |$ 全ての i に対して $\tau_i = 1$ ならば $\bar{p}_i > 0\}$ と置くと，γ セントロイド推定量は

$$\hat{\tau} = \arg\max_{\tau \in \mathcal{B}'} \sum_{i=1}^{n} I(\tau_i = 1)\bar{p}_i$$

で計算が可能となります．ここで $\bar{p}_i = p_i - \frac{1}{\gamma+1}$ と定義し，**しきい値周辺化確率**と呼ぶことにします．

証明.

$p_i < 1/(\gamma+1)$ の場合には，$\tau_i = 0$ と予測した場合の方が，$\sum_{i=1}^{n} \left[(\gamma+1)p_i - 1\right] I(\tau_i = 1)$ の値が大きくなります．よって，「条件」と定理 3.6 よりこの定理が証明されます． □

系 3.7 より，γ セントロイド推定量による予測は，しきい値周辺化確率 $\bar{p}_i$ の和を最大化するような予測を解空間の中から選択してくることになります．一般に，解空間は様々な制約を満たす必要があるため，解空間からの選択の際には何らかの制約解消を行う必要があります．ただし，$0 \leq \gamma < 1$ でかつ解空間 $\mathcal{B}$ が特別な構造を持っている場合には，この制約解消を行うことなく，γ セントロイド推定量の導出を行うことが可能となります．

---

*39 これは，$\tau \in \mathcal{B}$ に対して，τ の任意の要素を 0 にした解も $\mathcal{B}$ に含まれることを意味します．これは，たとえば，RNA の 2 次構造予測の場合に成立します．なぜなら，定義 3.2(p.94) の条件を満たす 2 次構造の任意の塩基対を「塩基対でない」と変更した後の 2 次構造もまた定義 3.2 の条件を満たす 2 次構造となるからです．

定理 3.8

問題 3.5(p.119) において，解空間 $\mathcal{B}$ が以下の形式で書けるとします．

$$\mathcal{B}=\bigcap_{k=1}^{K} C_k \tag{3.24}$$

ここで，C_k は $I_k \subseteq \{1,2,\ldots,n\}$ に対して，

$$C_k=\{\theta\in\{0,1\}^n | \sum_{i\in I_k}\theta_i \le 1\} \tag{3.25}$$

と定義されるとします [*40]．このとき，$\gamma\in[0,1)$ の場合の γ セントロイド推定量は，$\tau^*=\{\tau_i^*\}_{i=1}^n$:

$$\tau_i^*=\begin{cases}1 & p_i>1/(\gamma+1)\\ 0 & p_i\le 1/(\gamma+1)\end{cases}\quad (i=1,2,\ldots,n)$$

で計算されます．

証明.

$\tau^*\in\mathcal{B}$ であることを示せば十分です．これを背理法により証明します．$\tau^*\notin\mathcal{B}=\cap_{k=1}^{K}C_k$ と仮定すると，ある k_0 が存在して，$\tau^*\notin C_{k_0}$ が成立します; すなわち，$\alpha,\beta\in I_{k_0}$ で $y_\alpha=y_\beta=1$ となる $\alpha\neq\beta$ が存在しなければなりません．今 $\theta,\tau\in\mathcal{B}$ に対して

$$F_i(\theta,\tau_i)=\gamma I(\theta_i=1)I(\tau_i=1)+I(\theta_i=0)I(\tau_i=0)$$

と置きます．今 τ^* の定義により，$p_\alpha>1/(\gamma+1)$ かつ $p_\beta>1/(\gamma+1)$ が成立するので，$E_{p(\theta|D)}[F_\alpha(\theta,1)]>E_{p(\theta|D)}[F_\alpha(\theta,0)]$ かつ $E_{p(\theta|D)}[F_\beta(\theta,1)]>E_{p(\theta|D)}[F_\beta(\theta,0)]$ となることより，

$$E_{p(\theta|D)}[F_\alpha(\theta,1)-F_\alpha(\theta,0)+F_\beta(\theta,1)-F_\beta(\theta,0)]>0 \tag{3.26}$$

が得られます．一方，任意の $\theta\in\mathcal{B}$ と $\gamma\in[0,1)$ に対して

*40 いい換えると，ある部分集合に関しては，バイナリ変数が同時に 2 つ以上 1 となることはできないという条件（制約）で記述できるということです．

$$\begin{aligned}
&F_\alpha(\theta,1) - F_\alpha(\theta,0) + F_\beta(\theta,1) - F_\beta(\theta,0) \\
&\quad = \gamma[I(\theta_\alpha = 1) + I(\theta_\beta = 1)] - [I(\theta_\alpha = 0) + I(\theta_\beta = 0)] \\
&\quad < 0
\end{aligned}$$

が成立します（なぜなら，θ_α と θ_β はどちらか一方しか 1 になれない）．これは，式 (3.26) に矛盾します．よって $\tau^* \in \mathcal{B}$ が証明されました． □

補題 3.9

ペアワイズアラインメントの空間 $\mathcal{A}(x,y)$，RNA の 2 次構造の空間 $\mathcal{S}(x)$，および，系統樹トポロジーの空間 $\mathcal{T}(S)$ は定理 3.8 の式 (3.24) の形で記述することが可能です．

証明.

たとえば，$\mathcal{A}(x,y)$ の条件 $\sum_{j=1}^{n} \theta_{ij} \leq 1$ を考えます．$I_k := \{(k,1),(k,2),\ldots,(k,n)\}$ とすると，この条件は $\sum_{i \in I_k} \theta_i \leq 1$ と書けます．その他の条件（制約）に関しても同じように書けることがわかりますので，題意が証明されます． □

3.11 期待精度最大化推定の適用例

前節で一般的な設定のもとで期待精度最大化推定（特に γ セントロイド推定）を導入しました．本節では，これらの適用例を示します．

3.11.1 γ セントロイド RNA 2 次構造予測

本項では，RNA2 次構造予測（問題 3.7）の場合を考えます．RNA の 2 次構造予測では，予測された 2 次構造に対して，塩基対がどの程度正確に予測できたかを評価するのが一般的です．すなわち，「塩基対」に関する真陽性，真陰性，偽陽性，偽陰性の数を計算し，それらに基づいた評価指標により評価が行われます（図 **3.23**; よく利用されるのは，Sensitivity, PPV, MCC などです; 付録 A.4 節）．

正解2次構造 (((...)))...((..))
12345678901234 5678

予測2次構造 (((...))).(....)..
123456789012345678

TP = 3 TN = 147 FP = 1 FN = 2

図 3.23 2 次構造予測に対する一般的な評価方法．正解の 2 次構造（たとえば立体構造や進化解析により与えられる）が与えられている際に予測 2 次構造を評価する場合を考えます．この時，評価は**塩基対**単位の真陽性の数 (TP), 真陰性の数 (TN), 偽陽性の数 (FP), 偽陰性の数 (FN) を用いて行われます．TP, TN は大きいほうが，FP, FN は少ないほうが優れた予測となります．

問題 3.7(p.119) における RNA の 2 次構造予測に対する γ セントロイド推定量（以後「γ セントロイド 2 次構造」と呼びます）は以下の通り計算されます：

$$\hat{\tau} = \mathop{\arg\max}_{\tau \in \mathcal{S}(x)} \sum_{\theta \in \mathcal{S}(x)} G_\gamma^{(c)}(\theta, \tau) p^{(s)}(\theta|x) \tag{3.27}$$

ここで，

$$G_\gamma^{(c)}(\theta, \tau) = \sum_{(i,j):i<j} [\gamma I(\theta_{ij} = 1) I(\tau_{ij} = 1) + I(\theta_{ij} = 0) I(\tau_{ij} = 0)] \tag{3.28}$$

です．$\mathcal{S}(x)$ の定義（定義 3.2）および 3.10.3 項の一般論より，γ セントロイド 2 次構造は，上記の評価指標に合ったものであることがわかります．なぜなら，2 次構造予測の場合，式 (3.19)〜(3.22)(p.132〜133) は，それぞれ，塩基対に対する TP, TN, FP, FN にちょうど対応するからです．

次に，γ セントロイド 2 次構造の計算方法について考えてみましょう．系 3.7(p.136) より，γ セントロイド 2 次構造は，しきい値塩基対確率（塩基対確率から $\frac{1}{\gamma+1}$ を引いた値）の和を最大となる 2 次構造と等価となります．すなわち，$\gamma \geq 1$ に対して，γ セントロイド推定量は Nussinov アルゴリズム（アルゴリズム 3.3, p.115）と同様の形式の動的計画法によって計算可能となります．

$$M(i,j) = \max \begin{cases} M(i+1,j) \\ M(i,j-1) \\ M(i+1,j-1) + \bar{p}_{ij}^{(b)} \\ \max_k [M(i,k) + M(k+1,j)] \end{cases} .$$

ここで，$\bar{p}_{ij}^{(b)} = p_{ij}^{(b)} - \frac{1}{\gamma+1}$，$M(i,j)$ は部分配列 $x[i,j]$ に対する最適の γ セントロイド推定量のスコア（すなわち，塩基対部分に関する塩基対確率の和）です．Nussinov アルゴリズムの再帰式（式 (3.4)，p.114）との違いは，$\bar{p}_{ij}^{(b)}$ の部分のみであることに注意してください．すなわち，塩基対確率行列 $\{p_{ij}^{(b)}\}_{i<j}$ を 3.9.2 項で説明した方法で計算しておけば，γ セントロイド 2 次構造は Nussinov 型の動的計画法で容易に計算されるということを意味しています．さらに，$0 \leq \gamma < 1$ の場合には，定理 3.8(p.137) および補題 3.9(p.138) より，この Nussinov 型の動的計画法を行うことなく γ セントロイド 2 次構造を得ることが可能となります．すなわち，$1/(\gamma+1)$ より大きい塩基対確率の塩基ペアを塩基対とした 2 次構造が自動的に定義 3.2 の条件をすべて満たし，さらに γ セントロイド 2 次構造と等しくなります．以上をまとめると，以下の手順により配列長 n の RNA 配列 x の γ セントロイド 2 次構造が計算可能となります．

1. 塩基対確率行列 $\{p_{ij}^{(b)}\}$ を計算する（3.9.2 項）[$O(n^3)$ の時間計算量]
2. γ の値に応じて以下を行います：

   (a) $\gamma \geq 1$ **の場合**：アルゴリズム 3.3(p.115) の手順 12 の $M(i+1,j-1)+1$ を $M(i+1,j-1)+\bar{p}_{ij}^{(b)}$ に変更したアルゴリズムで最適スコアを計算した後に，アルゴリズム 3.4(p.116) で最適 2 次構造を計算する [$O(n^3)$ の時間計算量]

   (b) $\gamma < 1$ **の場合**: $p_{ij}^{(b)} > 1/(\gamma+1)$ となる (x_i, x_j) を塩基対とした 2 次構造を計算する．

以上より，γ セントロイド 2 次構造が，一般に 2 次構造予測で利用される評価指標に適合した予測方法であると同時に，Nussinov アルゴリズムと類似したアルゴリズムで計算されることがわかりました．

次に，MEG 推定量の設計において利益関数を適切に与えることの重要性

を見ていきましょう．Choung Do らは，CONTRAfold と呼ばれる 2 次構造予測ツールの中で，利益関数

$$G_{\gamma}^{(\mathrm{contra})}(\theta,\tau) = \sum_{i=1}^{n}\left[\gamma\sum_{j:j\neq i} I(\theta_{ij}^{*}=1)I(\tau_{ij}^{*}=1) + \prod_{j:j\neq i} I(\theta_{ij}^{*}=0)I(\tau_{ij}^{*}=0)\right] \quad (3.29)$$

を利用した 2 次構造予測を行っています．ここで θ^* と τ^* はそれぞれ θ と τ の対称行列への拡張を表します（$i<j$ に対して $\theta_{ij}^*=\theta_{ij}$ かつ $j<i$ に対して $\theta_{ij}^*=\theta_{ji}$）．すなわち，この利益関数は，予測構造 τ に対して，RNA 配列の塩基を 5' 側から順次見ていき，ある位置が塩基対を形成するときには，その塩基対が正解構造 θ にも存在するときには γ を加算し，ある位置が塩基対を形成しないときには，正解の構造 θ でも塩基対を形成していない場合に 1 を加算するような利益関数であることがわかります．ここで，積を ($\prod$) を和 ($\sum$) に置き換えたならば，利益関数式 (3.29) は γ セントロイド推定の利益関数（式 (3.28)）の 2 倍と等しくなります．次の命題は，γ セントロイド推定の利益関数と上記の利益関数の関係を示しています．

命題 3.10

$G_{\gamma}^{(\mathrm{contra})}(\theta,\tau)$ と $G_{\gamma}^{(\mathrm{c})}(\theta,\tau)$ の間には以下の関係があります．

$$\begin{aligned}
G_{\gamma}^{(\mathrm{contra})}(\theta,\tau) = 2G_{\gamma}^{(\mathrm{c})}(\theta,\tau) + C_{\theta} \\
&+ \sum_{1\le i\le |x|}\ \sum_{\substack{j_1\,:\,j_1<i\\ j_2\,:\,j_2<i\\ j_1\neq j_2}} I(\theta_{j_1 i}=1)I(\tau_{j_2 i}=1) && (3.30)\\
&+ \sum_{1\le i\le |x|}\ \sum_{\substack{j_1\,:\,j_1<i\\ j_2\,:\,j_2>i}} I(\theta_{j_1 i}=1)I(\tau_{i j_2}=1) && (3.31)\\
&+ \sum_{1\le i\le |x|}\ \sum_{\substack{j_1\,:\,j_1>i\\ j_2\,:\,j_2<i}} I(\theta_{i j_1}=1)I(\tau_{j_2 i}=1) && (3.32)\\
&+ \sum_{1\le i\le |x|}\ \sum_{\substack{j_1\,:\,j_1>i\\ j_2\,:\,j_2>i\\ j_1\neq j_2}} I(\theta_{i j_1}=1)I(\tau_{i j_2}=1) && (3.33)
\end{aligned}$$

ここで C_{θ} は $\tau\in\mathcal{S}(x)$ には依存しない定数です．

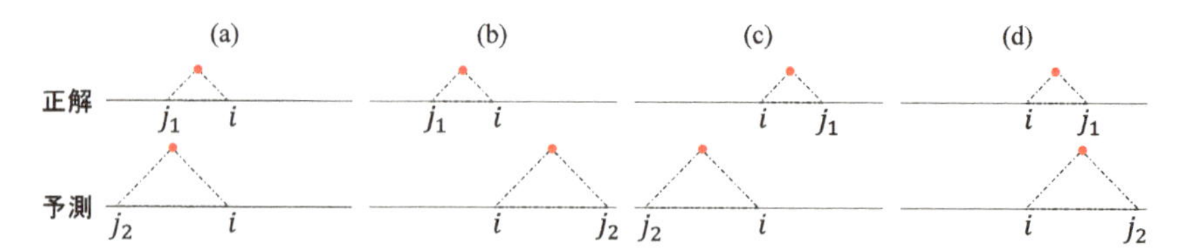

図 3.24 命題 3.10 のバイアス項の意味．バイアス項 (3.30)，(3.31)，(3.32)，(3.33) がそれぞれ，図 3.24 の (a), (b), (c), (d) に対応しています．いずれにおいても $j_1 \neq j_2$ であることに注意してください（$j_1 = j_2$ は除かれている）．これらはいずれも誤った塩基対予測（FP または FN の予測塩基対）に対して正の利益を与えるものです．

証明.

付録 A.5 節を参照. □

この命題の意味を考えてみましょう．利益関数 $G_\gamma^{(contra)}$ は，γ セントロイド推定量の利益関数 $G_\gamma^{(c)}(\theta, \tau)$（の 2 倍）に 4 つの項（項 (3.30)〜(3.33)）が追加されたものであることがわかります．**図 3.24** で示す通り，この追加された項は，θ を正解 τ の予測とした場合，塩基対に対する間違った予測 (FP, FN) に関して正の利益を与えます．すなわちこれらの項は予測に対して悪影響を及ぼすことが想像されます．この結果は，γ セントロイド 2 次構造が，CONTRAfold で予測される 2 次構造よりも塩基対の予測に関して理論的に優れていることを示しています．実際，2 次構造予測に対して標準的に用いられる評価指標（塩基対に関する感度と PPV）に対して，γ セントロイド推定量が Do らの推定方法よりもよい推定を与えることが計算機実験的に示されています [16]．さらに，文献 [16] では，最尤推定量よりも γ セントロイド推定量の方がよい予測を与えることも示されています．前述の通り，最尤推定量は評価関数としてデルタ関数を用いた MEA 推定量であり，デルタ関数は 2 次構造予測の評価として利用されることはないため，最尤推定量に対する期待精度最大化推定としての解釈からも自然な結果となっています．よく利用される 2 次構造予測ソフトウェアの Mfold や RNAfold は最尤推定を用いた予測を行っていることに注意してください．

3.11.2 γ セントロイドペアワイズアラインメント

2 次構造予測の場合と同様に，ペアワイズアラインメント（問題 3.6, p.119）に対しても γ セントロイド推定（γ セントロイドアラインメントと呼びます）

が導入できます．このとき，γ セントロイドアラインメントは，しきい値整列確率（整列確率から $\frac{1}{\gamma+1}$ を引いた値）の和を最大にするアラインメントを計算することと等価となります（系 3.7, p.136）．これは，Needleman-Wunsch アルゴリズム（アルゴリズム 3.1, p.108）と同様の形式の動的計画法によって計算可能です．

$$M(i,j) = \max \begin{cases} M(i-1,j-1) + \bar{p}_{ij}^{(a)} \\ M(i-1,j) \\ M(i,j-1) \end{cases}$$

ここで，$\bar{p}_{ij}^{(a)} = p_{ij}^{(a)} - \frac{1}{\gamma+1}$，$M(i,k)$ は 2 つの部分配列 $x[1,i]$ および $y[1,k]$ の最適なアラインメントスコアです．また初期条件は $M(i,0) = M(0,j) = 0$ となります．これは，線形ギャップコストの場合の Needleman-Wunsh アルゴリズムと同様の動的計画法であることがわかります．また，$0 \le \gamma < 1$ の場合，γ セントロイドアラインメントは，この動的計画法を行う必要はなく，$1/(\gamma+1)$ より大きいアラインメント確率の文字ペアを集めて整列ペアとしたアラインメントとして計算できることもわかります（補題 3.9, p.138 と定理 3.8, p.137）．

3.10.3 項で述べた一般論より，γ セントロイドアラインメントは，整列文字ペアの正確な予測に適した方法であることがわかります．実際に論文 [11] では，γ セントロイドアラインメントが，最尤推定アラインメント（アラインメントスコアを最大にするアラインメント）に比べて偽陽性の整列文字ペアを大幅に減少させることが示されています *41．

3.11.3 γ セントロイド系統樹トポロジー

最後に，系統樹トポロジー推定（問題 3.8, p.120）に対する γ セントロイド推定量（「γ セントロイド系統樹トポロジー」と呼びます）を考えてみましょう．ここで，解空間 $\mathcal{T}(S)$ 上の分布 $p^{(t)}(\theta|S)$ は付録 A.6 節の方法で与えられ，サンプリングなどを用いて葉分割確率（3.9.3 項）が計算されているものとします．

このとき γ セントロイド系統樹は「しきい値葉分割確率（葉分割確率から

*41 局所アラインメントに対して γ セントロイド推定を適用しています．対象としている問題はゲノムアラインメント（ゲノム同士のアラインメント）です．

$\frac{1}{\gamma+1}$ を引いた値)」の和を最大にするような系統樹トポロジーを推定することと等価になります．ただし，葉分割確率が既に与えられていたとしても，γ セントロイド系統樹を効率よく計算する方法は知られていません．「ペアワイズアラインメント」(問題 3.6，p.119) および「RNA の 2 次構造予測」(問題 3.7，p.119) の 2 つの問題に関しては，γ セントロイド推定量が，(動的計画法を用いることにより) 効率的に計算できました．しかしながら，γ セントロイド推定量が定義できたとしても，常に効率的に計算できるとは限らない例となっています．ただし，$0 \leq \gamma < 1$ の場合には，補題 3.9(p.138) と定理 3.8(p.137) を用いると，γ セントロイド系統樹を予測することが可能となります (葉分割確率はサンプリングなどの方法を用いて計算されていることが前提となります)．系統樹の推定においては，推定結果の頑健性を評価するため，サンプリングによって多数の 2 分木の集合を得て，その集合中に一定の閾値を超える頻度 (確率) で現れる葉分割のみを用いて多分木を描くことが行われています．これは、**コンセンサス樹 (consensus tree)** と呼ばれます．これはまさに系統樹推定に対して γ セントロイド推定を行っていることと本質的に等価になっています．すなわち，系統樹推定を多次元バイナリ空間上の点推定問題として定式化すると，実は，コンセンサス樹を作成することは，γ セントロイド推定と形式的に同様になることがわかります．

同一の葉集合に対する 2 つの系統樹 $\theta^1 \in \mathcal{T}(S)$ と $\theta^2 \in \mathcal{T}(S)$ の距離として系統樹の**トポロジカル距離 (topological distance)**

$$d(\theta^1, \theta^2) = H(\theta^1, \theta^2) = \sum_X I(\theta^1_X \neq \theta^2_X)$$

が導入できます．系 3.5(p.135) より，1-セントロイド推定量は，系統樹トポロジーが $p(\theta|S)$ の分布に従っていると考えたときに，トポロジカル距離の期待値を最小化する推定量であることがわかります．

3.12 解の不確実性とその対処法

図 3.25 にボルツマン分布 (式 (3.5)，p.118) に従って計算をした telomerase RNA と rRNA の最小自由エネルギー構造の確率 *42 を示しました．ともに

*42 解空間内では最も確率が高くなります．

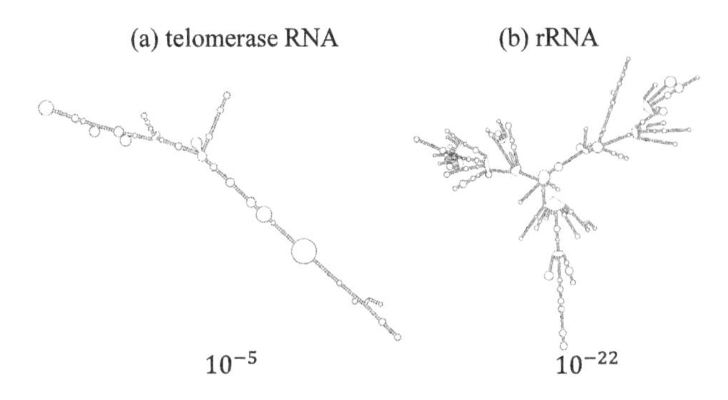

図 3.25 ボルツマン分布に従って計算された (a) telomerase RNA と (b) ribosomal RNA の最小自由エネルギー構造の確率．これらの確率値はすべての可能な 2 次構造の中で，最も確率値が高いものの値です．

確率値が極めて小さいことがわかると思います *43．このように確率値が極めて小さくなる理由は，解空間のサイズが問題サイズに応じて指数関数的に増加してしまい，確率値が分散してしまうからです *44．このように点推定の確率が極めて小さくなってしまう現象は，**解の不確実性** (**uncertainty of solution**) と呼ばれ，高次元離散空間上の推定問題，つまり，本節で取り扱う問題を含むバイオインフォマティクスの多くの推定問題でしばしばみられる現象となります [14]．前節までは，高次元離散空間上の推定問題（問題 3.5, p.119）に対しては，最尤推定量が必ずしも優れた推定量となっていないことを見てきました．また，最尤推定に替わる点推定の方法として，問題の評価指標に適合した期待精度最大化推定について説明を行いました．一方で，どんなに優れた点推定を行ったとしても，その解自体の確率値が非常に低いことには変わりがありません（最尤推定解よりも確率値が高くなることはあり得ません）．そのため，どうしても点推定が必要となる場合を除いては，点推定を行わない（あるいは，点推定とあわせてほかの情報を利用する）ということが有用である場合があります．以下では，そのような方法のいくつかを紹介します．

---

*43 参考までに私たちが一生の間に隕石に当たる確率は 10^{-10} といわれています．

*44 $\sum_{\theta \in \mathcal{B}} p(\theta|D) = 1$ を満たさなくてはなりません．

3.12.1 周辺化確率の利用

点推定と 3.9 節の周辺化確率をあわせて利用することが有用な場合があります．たとえば，RNA の塩基対確率行列（3.9.2 項）は，特定の 2 次構造を示している（予測している）ものではありませんが，単なる 2 次構造予測よりもより豊富な情報を含んでいます．

周辺化確率と点推定を利用した解析の成功事例として，RNA アプタマーの構造解析の例を示します．RNA アプタマーとは，特定のタンパク質に強く結合する小分子 RNA のことであり，**SELEX (Systematic Evolution of Ligands by EXponential enrichment)** と呼ばれる実験手法を用いることにより，アプタマー RNA の配列を決定することが可能となります．ただし，その後の機能解析および薬としての最適化を行う際には，アプタマーの配列情報だけではなくその構造を知ることが重要となります．

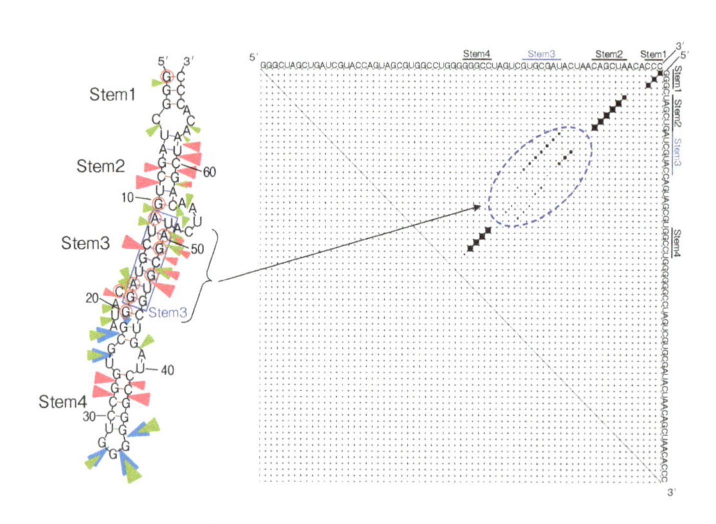

図 3.26 インターロイキン 17(IL-17) に結合する RNA アプタマーの (a) 予測 2 次構造と (b) 塩基対確率行列．RNA アプタマーは SELEX により得られました．2 次構造中に記載されている三角形は，赤色がその前の塩基が塩基対を組む，青色と緑色が塩基対を組まないことを示す実験結果が得られていることを示しています．塩基対確率行列は McCaskill のモデルに従い計算しました．塩基対確率行列より，アプタマーは 3 つの安定したステム（連続した塩基対）と 1 つの不安定なステム (Stem 3) を持つことが示唆されています．文献 [1] より許可を得て掲載．

図 **3.26** にタンパク質 IL-17 に結合するアプタマー配列 [1] の，予測 2 次構造と塩基対確率行列を示しました．2 次構造予測の図には，生化学的な実験による結果もあわせて載せてあります．赤色の三角矢印の部分は塩基対であるという実験サポートが得られた部分です．一方，青と緑の三角矢印の部分は塩基対でないという実験サポートが得られた部分となります．これを見ると，中央部分のステム（連続した塩基対）の部分（図 3.26(a) の Stem 3）は，生化学実験と計算機による予測 2 次構造との間で矛盾しているのみならず，実験同士の結果も矛盾していることがわかります．一方，図 3.26(b) に示す塩基対確率行列によると，このアプタマーは 3 つの安定したステムと 1 つの不安定なステムを有していることが示唆され，不安定なステムの部分がちょうど Stem3 に対応していることがわかります．すなわち，Stem3 の部分は，安定した 2 次構造を形成するのではなく，揺らいでいることが予想さ

```
fruitflyMito  13229 GAAACAGTTAATATTTCGTCCAACCATTCATTCCAGCCTTCAATTAAAAGACTAATGATTTAGCTAACCTTTGCACAGTCAAAATACTGCGGCCATTTAA 13328
humanMito      2661 GAGACAGCTGAACCCTCGTGGAGCCATTCATACAGGTCCCTATTTAAGGAACAAGTGATTATGCT-ACCTTTGCACGGTTAGGGTACCGCGGCCGTTAAA  2563
                    ** **** * *   ****  * ******** *  * *   * ****   ** * *****  *** ********** ** *    *** ****** ** **

fruitflyMito  13329 AAT-TTTCAGTGGGCAGGTTAGACTTTATATA----TAATTCAAAAAGACATGTTTTTGTTAAACAGGCG 13393
humanMito      2562 CATGTGTCACTGGGCAGGCGGTGCCTCTAATACTGGTGATGCTAGAGGTGATGTTTTTGGTAAACAGGCG  2493
                     ** * *** ********     * *   ***    * ** * * * *  ********* **********
```

図 **3.27** 整列確率とアラインメント．寒色ほどアラインメント確率が高いことを表しています．LAST ウェブサーバ (`http://lastweb.cbrc.jp/`) の出力をもとに作成．

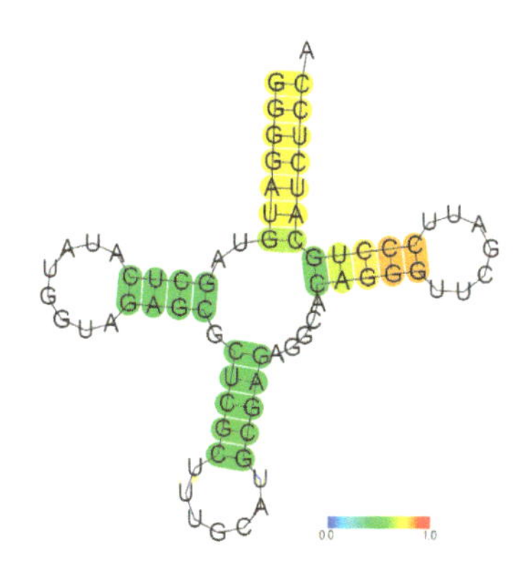

図 **3.28** 塩基対確率と転移 RNA (tRNA) の 2 次構造．暖色ほど塩基対確率が高いことを示しています．CentroidFold ウェブサーバ (`http://www.ncrna.org/centroidfold/`) の出力をもとに作成．

れます．この例は，単一の予測構造だけではなく，可能なすべての構造についての周辺化確率である塩基対確率行列を利用することの有用性を示しています．

また，点推定と合わせて周辺化確率を表示することも有用である場合が多いことを注意しておきます．アラインメントに整列確率をあわせて表示した例を図 **3.27** に，2 次構造に塩基対確率をあわせて表示した例を図 **3.28** に載せました．これにより不確実な塩基対やアラインメントカラムの場所がひと目で明らかになります．

3.12.2 確率的サンプリング (stochastic sampling)

解空間の確率分布からサンプリングを行う方法は，様々な応用への可能性を秘めた汎用的な方法です．実際，解空間からのサンプリングが可能となれば，様々な統計量・物理量の期待値が近似的に計算可能となります [*45]．ペアワイズアラインメントや RNA2 次構造予測では，トレースバックを確率的に行うことにより，最適解だけではなく，解空間の分布からサンプリングを行うことが可能となります．これは，**確率的トレースバック (stochastic traceback)** と呼ばれます．

以下では，ペアワイズアラインメント（問題 3.6，p.120）の場合の確率的サンプリングの方法を説明します．今，（確率的）トレースバックで現在 $M(i,j)$ のセルにいるとします．このとき，次のセルを

$$
\begin{aligned}
&\text{確率 } \frac{F^M(i-1,j-1)s'_{ij}}{F^M(i,j)} \text{ で } M(i-1,j-1) \\
&\text{確率 } \frac{F^X(i-1,j-1)s'_{ij}}{F^M(i,j)} \text{ で } X(i-1,j-1) \\
&\text{確率 } \frac{F^Y(i-1,j-1)s'_{ij}}{F^M(i,j)} \text{ で } Y(i-1,j-1)
\end{aligned}
$$

で選択します．これは，前向きアルゴリズムの式 (3.9)(p.122) より導出されます．同様に，$X(i,j)$ にいるときには，式 (3.10)(p.122) より，

---

*45 たとえば，RNA の塩基対確率行列もサンプリングにより近似計算が可能となります．しかし，動的計画法による厳密解法が存在するため通常はそちらを利用する方が，計算コストの点でも優れています．

$$\text{確率 } \frac{F^M(i-1,j)d'}{F^X(i,j)} \text{ で } M(i-1,j)$$
$$\text{確率 } \frac{F^X(i-1,j)e'}{F^X(i,j)} \text{ で } X(i-1,j)$$

を選択します．引き続き，$Y(i,j)$ にいるときには，式 (3.11)(p.122) より

$$\text{確率 } \frac{F^M(i,j-1)d'}{F^Y(i,j-1)} \text{ で } M(i,j-1)$$
$$\text{確率 } \frac{F^Y(i,j-1)e'}{F^Y(i,j-1)} \text{ で } Y(i,j-1)$$

を選択します．以上を (n,m) から $(0,0)$ まで繰り返すことによって，分布に従って解空間から 1 つの解をサンプリングすることが可能となります．

RNA の 2 次構造の場合にも，アラインメントと同様にボルツマン分布（式 (3.5)，p.118）からサンプリングするための方法が考案されています [8]．詳細はスペースの都合で本書では省きますが，興味のある読者は文献 [8] を参照してください．

3.12.3 分布の可視化

3.12.2 項で説明した解空間からサンプリングを行う方法を応用することにより解空間の可視化が可能となります．ただし，個々の解は高次元空間上の 1 点として表現されるため（3.3 節参照），サンプリングした解候補を単純に可視化することは困難です．そこでしばしば用いられる方法としては，**主成分分析 (principal component analysis, PCA)** や**多次元尺度構成法 (Multi Dimensional Scaling, MDS)** などを用いて，解を低次元空間に射影することです *46．図 **3.29** に，2 次構造予測の場合の解空間の可視化の例を示しました．tRNA 配列の 2 次構造の 3 つのクラスタの**セントロイド (1-centroid)** 2 次構造が示されています．3 番目のクラスタが tRNA のクローバーリーフ構造を含むクラスタであることがわかります．このように，クラスタリングと代表解の導出は，多様性のある予測解を得るための 1 つの方法にもなり得ます．複数の解を導出することも，解の不確実性に対する 1 つの対処方法となることに注意してください．

*46 ここでは PCA，MDS については詳述しません．

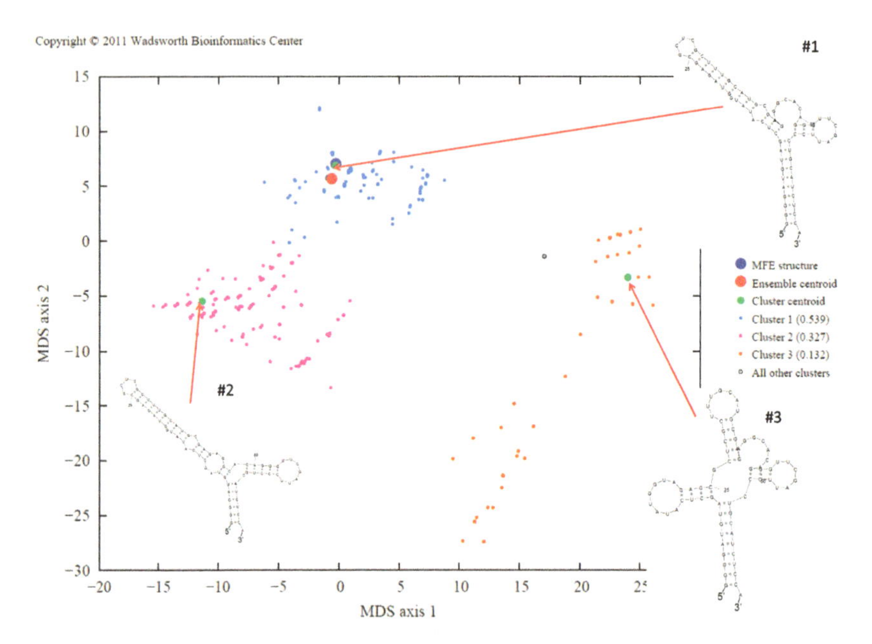

図 3.29 確率的サンプリングと多次元尺度構成法 (MDS) を用いた tRNA の 2 次構造空間の可視化．Sfold ウェブサーバー (`http://sfold.wadsworth.org/cgi-bin/srna.pl`) による出力に基づいて著者が作成．

3.12.4 クレジビリティリミット

クレジビリティリミットは，点推定の確からしさを示すために使われる指標の 1 つであり，以下の通り定義されます．

定義 3.9（クレジビリティリミット）

問題 3.5(p.119) の解 $\tau \in \mathcal{B}$ に対して，$\alpha\%$ **クレジビリティリミット (credibility limit)** とは

$$d_\alpha = \min\left\{ d \in [0,n] \cap \mathbb{Z} \;\middle|\; \sum_{\theta \in \mathcal{C}_\tau(d)} P(\theta|D) \geq \frac{\alpha}{100} \right\}$$

となる d_α と定義されます．ここで，$\mathcal{C}_\tau(d) = \{\theta \in \mathcal{B} | H(\theta,\tau) \leq d\}$ です．

すなわち，α%クレジビリティリミットとは，解τに対してハミング距離がd以下の解すべての確率を合計すると，解空間内でα%以上の確率を占めることを意味しています．すなわち，クレジビリティリミットが小さいほど，解τの周りに確率値が集中していることを意味しているため，点推定の確からしさを評価するために利用することができます．ペアワイズアラインメントとRNA2次構造予測に対するクレジビリティリミットは，3.12.2項に述べた確率的サンプリング手法を用いて近似的に計算が可能であるほか，次項で述べる方法を用いることにより，近似によらない計算も可能となります．

3.12.5 整数スコアの分布の厳密導出手法

問題3.5(p.119)と同じ設定を考えます．解空間上の有限整数集合を値域とする関数$f : \mathcal{B} \to Z$を考えます（ここで$Z \subset \mathbb{Z}$かつ$|Z| < \infty$）．Θを分布$p(\theta|D)$に従う$\mathcal{B}$上の確率変数とすると，$X = f(\Theta)$は有限離散の確率変数となります．本項では，このXの分布を導出することを考えます．Xの分布を計算することは，$\{p_d\}_{d \in Z}$を計算することと等価になります．ここで，p_dは$\mathcal{C}(d) = \{\theta \in \mathcal{B} | f(\theta) = d\}$に対する周辺化確率

$$p_d = \sum_{\theta \in \mathcal{C}(d)} p(\theta|D) \tag{3.34}$$

です．たとえば，ある特定の解$\tau \in \mathcal{B}$に対して，

$$f(\theta) = H(\tau, \theta), \theta \in \mathcal{B} \tag{3.35}$$

を考えると，fは$[0, n] \cap \mathbb{Z}$を値域に持つ$\mathcal{B}$上の関数になります．配列ペアワイズアラインメント$(\mathcal{B} = \mathcal{A}(x, y))$とRNAの2次構造予測$(\mathcal{B} = \mathcal{S}(x))$の場合には，この$f$に対する確率変数$f(\Theta)$の分布が，厳密かつ効率的に導出できることが知られています．これは，RNAの2次構造予測の場合には，特定の2次構造τからの（ハミング）距離に応じた分布となります（図**3.30**）．このような分布は，構造τの信頼度や解空間の分布内での位置づけを評価する際に，有用であると考えられます．実際，この分布が厳密に計算できれば，前項で説明したクレジビリティリミットの（サンプリングによらない）厳密計算が可能となります（図3.30）．$f(\theta)$の分布を計算する方法は，分配関数を計算する動的計画法アルゴリズムと類似したアルゴリズムを離散フーリエ

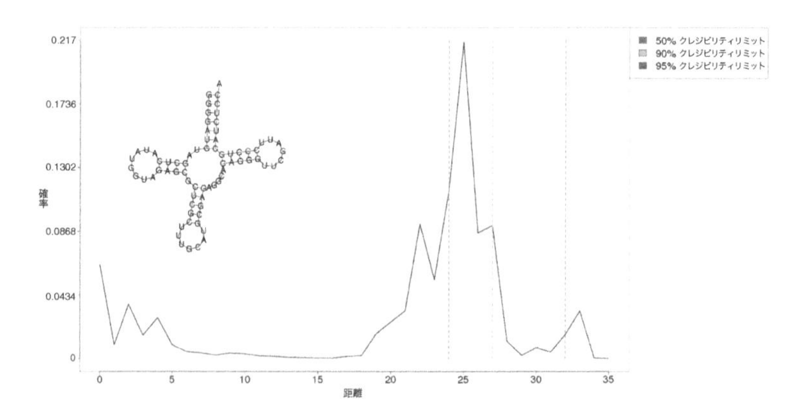

図 3.30 tRNA の 1 つの 2 次構造をリファレンスとした場合に，その構造からの距離に応じた分布．50%, 90%, 95%クレジビリティリミット（定義 3.9）が表示してあります．

変換により高速化したものとなります．手法の詳細については割愛しますのでたとえば文献 [25] を参照してください．

3.13 3章のまとめ

本章は著者自身による論文 [14] [15] をベースとし，自己完結的にするために基本的な事柄を大幅に加筆しました．上記の論文で述べた一部の先端的な内容は，紙面の都合などにより本書には記載しなかったものもありますので，興味のある読者は元論文を参照してください．

本章では，バイオインフォマティクスの古典的な推定問題である，「配列アラインメント」,「RNA の 2 次構造予測」,「系統樹トポロジーの推定」の 3 つの問題を，一般的な問題設定の下で統一的に説明しました．これにより，別々の問題として説明されてきた 3 つの問題の共通点・相違点がよりはっきりと理解できたのではないかと思います．その一方で，本章で取り扱っているこれらの問題は，バイオインフォマティクスにおける古典的かつ重要な問題であり，関連する教科書も数多く出版されています．たとえば，岸野と浅井の [22]，Durbin らの [9]，阿久津の [2]，Backofen らの [7] などは，本書と対象が重複する一方で本書で触れることのできなかった内容も多く含んでいるため，本書とあわせて読むことでさらに理解が深まるのではないかと思います．

本シリーズが対象とする「機械学習」において，確率モデルは１つの重要な研究テーマです．本章の推定量の設計においても，各々の問題における確率モデルに基づいていました．本章を読み終えた読者は，生命情報科学分野においても，確率モデルが重要な役割を果たしていることを感じ取られたのではないかと思います．

最後に，本書を機会に，機械学習の分野から，バイオインフォマティクスに興味を持つ研究者が１人でも増えることを期待します．

Appendix 

付録A 進んだ話題についての補足説明

本付録では，第 3 章の補足説明をします．発展的な内容も含んでいますので，必要に応じて適宜参照することをお勧めします．

A.1 任意のギャップコストの場合の動的計画法

第 3 章では，線形ギャップコストとアフィンギャップコストの場合に，最適（大域）ペアワイズアラインメント（問題 3.2，p.93）が，$O(nm)$ の計算量（n, m は入力の 2 つの配列の配列長）で計算可能であることを説明しました．それでは，任意のギャップコスト $g(k)$ に対しては，計算量はどのようになるのでしょうか．この場合は以下の動的計画法の再帰式で最適なアラインメントが計算できます．

$$M(i,j) = \max \begin{cases} M(i-1, j-1) + s(x_i, y_j) \\ \max_{k=0,\ldots,i-1}[M(k,j) + g(i-k)] \\ \max_{k=0,\ldots,j-1}[M(i,k) + g(j-k)] \end{cases} \tag{A.1}$$

ここで右辺 2 つ目の $g(i-k)$ は $x[k+1,i]$ が y 側のギャップに対応する場合のギャップコストです（x 側のギャップに対しても同様です）．

命題 A.1

任意のギャップコストに対する時間計算量 $O(nm^2 + n^2m)$，空間計算量 $O(nm)$ となります．

証明.

時間計算量は，各セル (i,j) において，i 個の最大値（式 (A.1) 右辺 2 行目）と j

個の最大値（式 (A.1) 右辺 3 行目）を計算する必要があるので，

$$\sum_{i=1}^{n}\sum_{j=1}^{m}(i+j) = m\sum_{i=1}^{n} i + n\sum_{j=1}^{m} j = m\cdot\frac{n(n+1)}{2} + n\cdot\frac{m(m+1)}{2}$$

となります．空間計算量は，$n \times m$ の動的計画法行列を埋めればよいので $O(nm)$ となります． □

A.2 局所アラインメント

本文中では大域（ペアワイズ）アラインメントについて説明を行いました．図 3.4(p.91) で説明した通り，アラインメントには，大域アラインメントだけではなく，局所アラインメントと呼ばれる種類が存在し，応用上は局所アラインメントも重要となります．そこで，ここでは，局所（ペアワイズ）アラインメントについて説明を行います．まず，局所アラインメントの定義を下記に示します．

定義 A.1（局所アラインメント）

2 本の生物配列 x,y の局所アラインメントは

$$(\hat{i},\hat{j},\hat{i}',\hat{j}') = \underset{i<j;i'<j'}{\arg\max}\, S_{OPT}(x[i,j], y[i',j']) \tag{A.2}$$

を満たす，x と y の部分配列 $x[\hat{i},\hat{j}]$，$y[\hat{i}',\hat{j}']$ の大域アラインメントと定義されます．ここで，$S_{OPT}(x[i,j], y[i',j'])$ は部分配列 $x[i,j]$ と部分配列 $y[i',j']$ の間の最適な大域アラインメントのスコア（定義 3.4）です．

すなわち，局所アラインメントとは，x, y の任意の部分配列同士の大域アラインメントで最もスコアが大きくなるアラインメントのことです．局所アラインメントを導出する短絡的な方法は，x の部分配列と y の部分配列の大域アラインメントを NW アルゴリズムにより計算し，すべての部分配列ペアの中から最大のスコアとなるアラインメントを出力する方法です．この方法の計算量は $O(n^3m^3)$ となります [*1] が，NW アルゴリズムを少しだけ変更することにより，大域アラインメントと同じ計算量で局所アラインメントを計算することが可能となります (**Smith-Waterman アルゴリズム**)．以下では，このアルゴリズムを説明します．

まず，初期化は，$M(i,0) = M(0,j) = 0$ $(i = 0,\ldots,n; j = 0,\ldots,m)$ と行います [*2]．さらに，再帰式は，式 (3.3)(p.108) で右辺の max をとる際に 0 を最大値の候補に加えます．

---

*1 NW アルゴリズムを $O(n^2m^2)$ 回行う必要があるためです．

*2 端のギャップは削除した方がアラインメントスコアが大きくなるためです．

$$M(i,j) = \max \begin{cases} 0 \\ M(i-1,j-1) + s(x_i, y_j) \\ M(i-1,j) - d \\ M(i,j-1) - d \end{cases}$$

なぜならば，局所アラインメントでは，任意の位置からアラインメントを開始して構わないので，もしスコアが負であるならば，その部分までのアラインメントは最適局所アラインメントには含まれないためです．また，局所アラインメントでは，任意の位置でアラインメントが終了可能です．これはトレースバックの部分で，最大スコアを与える任意のセルから開始可能であることに反映されます．すなわち，トレースバックを

$$(n', m') = \underset{(i,j)\in[1,n]\times[1,m]}{\arg\max} M(i,j)$$

から，スコアが 0 となるセルまで行えばよいわけです．Smith-Waterman アルゴリズムの最適スコア計算をアルゴリズム A.1 に示しました．また，トレースバックのアルゴリズムはアルゴリズム A.2 となります．アルゴリズム 3.1(p.108) および 3.2(p.110) との違いに注意してください．このアルゴリズムの計算量は時間・空間計算量ともに $O(nm)$ であることは容易にわかると思います．

ここでは，線形ギャップコストの場合を見ましたが，アフィンギャップコストの場合にも容易に拡張できることに注意してください．

アルゴリズム A.1 Smith-Waterman アルゴリズム（最適スコア計算）

入力：生物配列 x（長さ n）と y（長さ m）

1: **for** $i = 0$ to n **do**
2: $M(i,0) \leftarrow 0$
3: **end for**
4: **for** $j = 0$ to m **do**
5: $M(0,j) \leftarrow 0$
6: **end for**
7: **for** $i = 1$ to n **do**
8: **for** $j = 1$ to m **do**
9: $M(i,j) \leftarrow \max(0, M(i-1,j-1)+s(x_i,y_j), M(i-1,j)-d, M(i,j-1)-d)$
10: **end for**
11: **end for**
12: $(n', m') = \arg\max_{(i,j)\in[0,n]\times[0,m]} M(i,j)$
13: **return** $M(n', m')$

アルゴリズム A.2　Smith-Waterman アルゴリズム（トレースバック）

$n', m', M(i,j)$ はアルゴリズム A.1 で計算したもの

1: $i \leftarrow n'$; $j \leftarrow m'$; $k \leftarrow 1$;
2: **while** $M(i,j) \neq 0$ **do**
3: 　**if** $M(i,j) = M(i,j-1) - d$ **then**
4: 　　$X[k] \leftarrow$ "-"; $Y[k] \leftarrow y_j$; $j \leftarrow j-1$
5: 　**else if** $M(i,j) = M(i,j-1) - d$ **then**
6: 　　$X[k] \leftarrow x_i$; $Y[k] \leftarrow$ "-"; $i \leftarrow i-1$
7: 　**else**
8: 　　$X[k] \leftarrow x_i$; $Y[k] \leftarrow y_j$; $i \leftarrow i-1$; $j \leftarrow j-1$
9: 　**end if**
10: 　$k \leftarrow k+1$
11: **end while**
12: $X \leftarrow \mathrm{reverse}(X)$; $Y \leftarrow \mathrm{reverse}(Y)$ // 文字を逆順にする
13: **return** (X, Y)

A.3 RNA 2 次構造のエネルギーモデルと McCaskill のアルゴリズム

本文中でも触れましたが，RNA の 2 次構造のスコアとしては，定義 3.5(p.105) の塩基対数はほとんど利用されていません．実用上は，自由エネルギーが広く利用されています．本付録では自由エネルギーを計算するためのエネルギーモデルとその正規化定数を計算するアルゴリズムである McCaskill のアルゴリズム [23] について解説を行います *3．

A.3.1 エネルギーモデル

RNA のエネルギーモデルは，2 次構造中の「ループ」と呼ばれる単位要素に関して

*3　McCaskill のアルゴリズムがまとめられている日本語（および英語）の教科書を少なくとも著者は，現時点では知りません．ただし，本節の内容は，若干複雑で，初学者および RNA の構造予測の詳細に興味のない読者は飛ばしてもよい内容です．

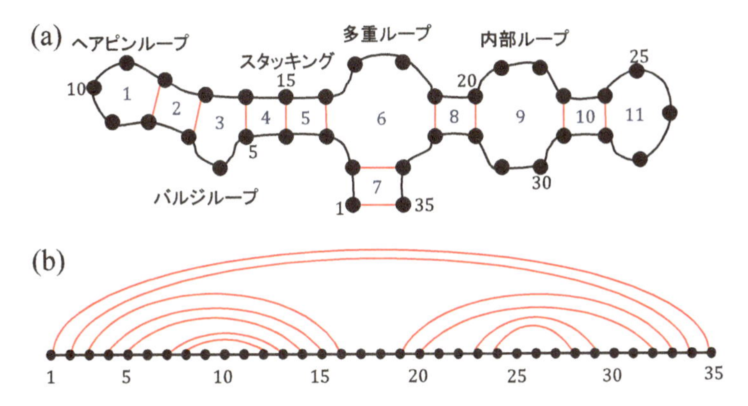

図 A.1 2 次構造の 2 つの表現．黒丸が塩基，黒線がバックボーンの配列，赤線が塩基対を表しています．11 個のループに分割することが可能です．

定義され，全体の自由エネルギーは，ループのエネルギーの和として計算されます．

定義 A.2（RNA2 次構造のループ）

RNA の 2 次構造のループ (**loop**) L とは，2 次構造を，バックボーンと塩基対を辺として持つ**平面グラフ** *4 G として描画した際に，最小のサイクル（閉路）であると定義します．ここで，最小のサイクルとは，L の内部に含まれる G のサイクルが存在しないことを意味します．

ループはその中に含まれる塩基対の数に応じて 1-ループ（1 つの塩基対を含む），2-ループ（2 つの塩基対を含む），κ-ループ ($\kappa > 2$)（3 つ以上の塩基対を含む）の 3 つに分類できます．1-ループは**ヘアピンループ**（図 **A.1**(a) の 1, 11）とも呼ばれます．2-ループは**スタッキング**（図 A.1(a) の 2, 4, 5, 7, 8, 10），**バルジループ**（図 A.1(a) の 3），**内部ループ**（図 A.1(a) の 9）の 3 つの可能性があります．また，κ-ループ ($\kappa > 2$) は**多重ループ**（図 A.1(a) の 6）と呼ばれます．明らかに，任意の 2 次構造はループの集合 $\mathcal{L}$ に一意的に分割可能です．たとえば，図 A.1 に示す 2 次構造では 11 個のループに分割できます．エネルギーモデルでは，ループの種類ごとにエネルギーを定義します（図 **A.2**）．1-ループのエネルギーを $F_1(i,j)$, 2-ループのエネルギーを $F_2(i,j,k,l)$ とします *5．κ-ループ ($\kappa > 2$) のエネルギーは，$F_\kappa = a + (\kappa - 1)b + cu$

*4 グラフを平面上に記述した際に，辺が交差をすることなく描ける場合に**平面グラフ** (**planer graph**) と呼びます．疑似ノットを許さない場合 RNA の 2 次構造は平面グラフとして記述が可能です．

*5 $F_1(i,j)$, $F_2(i,j,k,l)$ は塩基配列に依存するため，$F_1(i,j;x)$, $F_2(i,j,k,l;x)$ と書いたほうが正確な記述となります．本章では，煩雑さを避けるため，$F_1(i,j)$, $F_2(i,j,k,l)$ と記述していることに注意してください．

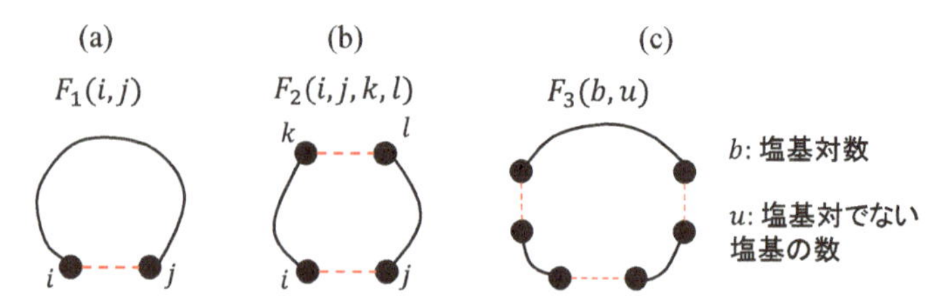

図 A.2 ループの自由エネルギー．黒丸が塩基，黒線がバックボーンの配列，赤点線が塩基対を表しています．1-ループはヘアピンのエネルギーを，2-ループはバルジループ，内部ループ，スタックのエネルギーを，3-ループは多重ループのエネルギーを表します．

$(a, b, c$ は定数) と定義します．ここで，κ は塩基対の数，u は塩基対ではない塩基の数です[*6]．これらのエネルギーは，様々な塩基の種類に対して実験により決定されています．たとえば，$x_i = \mathtt{G}$, $x_{i+1} = \mathtt{G}$, $x_{j-1} = \mathtt{C}$, $x_j = \mathtt{C}$ に対する $F_2(i, i+1, j-1, j)$ は GC 塩基対が 2 つスタッキングされた際の負の安定化エネルギーとして実験で決定されています．

最終的に 2 次構造の自由エネルギーはループエネルギーの和として定義されます．

定義 A.3 (2 次構造自由エネルギー)

RNA 配列 x の 2 次構造 $\theta \in \mathcal{S}(x)$ の**自由エネルギー (free energy)** は，θ をループの集合 $\mathcal{L}$ に分割した際に，ループの自由エネルギーの和として定義します．すなわち

$$E(\theta|x) = \sum_{L \in \mathcal{L}} F_L \tag{A.3}$$

です．

与えられた RNA 配列 x に対して，自由エネルギーを最小にする 2 次構造は**最小自由エネルギー構造 (minimum free energy structure)** と呼ばれ，動的計画法を用いることで $O(n^3)$ で計算が可能であることが知られています (Zuker のアルゴリズム)．ここでは，Zuker のアルゴリズムではなく，分配関数を計算する McCaskill のアルゴリズムを説明します．なぜならば，McCaskill のアルゴリズムで「和」を「最大値」に変更したものが，本質的には Zuker のアルゴリズムと等価になるからです．

---

*6 これは，アラインメントのアフィンギャップコスト (3.5.1 項) と類似のスコアづけとなります．a が多重ループ開始コスト，b がループ 1 つあたりのコストを表していると考えることができます．

A.3.2 McCaskill のアルゴリズム

a. 分配関数の計算

McCaskill のアルゴリズムは，前節で説明をしたエネルギーモデルに対して分配関数（式 (3.6)）(p.118) を計算するための動的計画法のアルゴリズムです．McCaskill のアルゴリズムでは，以下の動的計画法行列を導入します．

1. $Z_{i,j}$ は部分配列 $x[i,j]$ のすべての 2 次構造に対応する自由エネルギー因子 *7 の総和です．すなわち，今求めたい分配関数 Z は $Z_{1,n}$ となります．
2. $Z^1_{i,j}$ は部分配列 $x[i,j]$ の 2 次構造の中で次の条件を満たすものすべての自由エネルギー因子の総和とします：x_i は x_h と塩基対を形成し，かつ $x[h+1,j]$ には塩基対が 1 つも存在しない（$h \in [i,j]$ は任意）．さらに $x[1,i-1]$ と $x[j+1,n]$ の間に塩基対は存在しない（いい換えると，x の 2 次構造中で $x[i,j]$ は多重ループには含まれないということです）．
3. $Z^b_{i,j}$ は (x_i, x_j) が塩基対を組む部分配列 $x[i,j]$ の 2 次構造の自由エネルギー因子の総和とします．
4. $Z^m_{i,j}$ は部分配列 $x[i,j]$ の 2 次構造の中で次の条件を満たすものの自由エネルギー因子の和とします：2 次構造が多重ループに含まれて少なくとも 1 つの塩基対を含む因子．
5. $Z^{m1}_{i,j}$ は部分配列 $x[i,j]$ の 2 次構造の中で次の条件を満たすもののすべての自由エネルギー因子の和とします：x_i は x_h と塩基対を形成しかつ $x[h+1,j]$ には塩基対が 1 つも存在しない（$h \in [i,j]$ は任意）．さらに $x[1,i-1]$ と $x[j+1,n]$ の間に塩基対が存在する（$x[i,j]$ は多重ループに含まれる）．

まず，$Z_{i,j}$ に関しては，$x[i,j]$ に塩基対が 1 つも存在しない場合とする場合に場合分けします．塩基対が存在する場合に関しては，もっとも 3' 側の 2 次構造とそれ以外に分割します．図 **A.3**(a) を見るとわかりやすいと思います．これにより以下の再帰式を得ます．

$$Z_{i,j} = 1.0 + \sum_{h=i}^{j} Z_{i,h-1} Z^1_{h,j} \tag{A.4}$$

ここで，1.0 は塩基対が 1 つも存在しない場合（エネルギーが 0）の自由エネルギー因子に対応します ($e^0 = 1$)．次に，$Z^1_{i,j}$ は塩基対を形成する位置 h に関して和をとることにより

$$Z^1_{i,j} = \sum_{h=i}^{j} Z^b_{i,h} \tag{A.5}$$

が成立することがわかります（図 A.3(b) 左）．さらに，$Z^b_{i,j}$ は以下の通り計算されます．

---

*7 統計重率とも呼ばれます．式 (3.5)(p.118) の分子で定義されるものです．

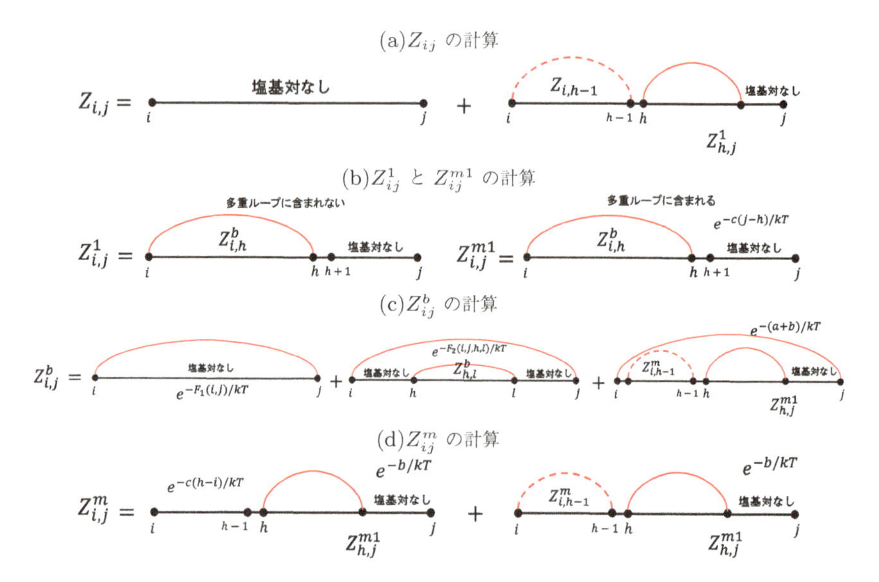

図 A.3　McCaskill アルゴリズムの分配関数計算の再帰式のグラフィカルな説明．赤実線は塩基対を表します．

$$Z^b_{i,j} = e^{-F_1(i,j)/kT} + \sum_{h=i+1}^{j-2} \sum_{l=h+1}^{j-1} Z^b_{h,l} e^{-F_2(i,j,h,l)/kT} + \sum_{h=i+1}^{j-1} Z^m_{i+1,h-1} Z^{m1}_{h,j-1} e^{-(a+b)/kT} \tag{A.6}$$

右辺の第 1 項目は，$x[i,j]$ が x_i と x_j が塩基対を形成する 1-ループ（ヘアピンループ）である場合となります．第 2 項目は，$x[i,h], y[l,j]$ が 2-ループ（スタック，内部ループ，バルジループのいずれか）の場合です．第 3 項目は，多重ループの場合です．最も 3' 側の 2 次構造とその前の 2 次構造とに分割して和をとっています（図 A.3(c)）．Z^m_{ij} は少なくとも 1 つは塩基対を含む必要があるので，

$$Z^m_{ij} = \sum_{h=i+1}^{j} \left(e^{-c(h-i)/kT} + Z^m_{i,h-1} \right) Z^{m1}_{h,j} e^{-b/kT} \tag{A.7}$$

と分割して和をとることができます（図 A.3(d)）．ここで，

$$Z^{m1}_{i,j} = \sum_{h=i+1}^{j} Z^b_{ih} e^{-c(j-h)/kT} \tag{A.8}$$

です（図 A.3(b) 右）.

式 (A.6) の部分の計算は，i, j, h, l の 4 つのインデックスに関してループをまわす必要があるため，$O(n^4)$ の計算量が必要となります．この部分の計算を $O(n^3)$ とするために，塩基対を形成しない塩基の数，$u := h - i + j - l - 2$，の大きさが u_m 以上の場合には，エネルギーを $F_2(i, j, h, l) = F_2(i, j, u)$ で計算するものとすると

$$\sum_{h,l} e^{-F_2(i,j,h,l)/kT} = \tag{A.9}$$

$$\sum_{h,l,u \leq u_m} e^{-F_2(i,j,h,l)/kT} + \sum_{u > u_m} (u-1) e^{-F_2(i,j,u)/kT} \tag{A.10}$$

と計算することができます（$u - 1$ は長さ u の塩基の分割の個数となります）．これにより，全体の時間計算量は $O(n^3)$ となります．

最後に，初期化は，$Z_{i,i} = 1.0$, $Z_{i+1,i} = 1.0$, $Z^1_{i,i} = 0$. $Z^m_{i,i} = 0$, $Z^{m1}_{i+1,i} = 0$ とすればよいことがわかります．

b. 塩基対確率の計算

以下では，周辺化確率の 1 つである塩基対確率行列（3.9.2 項）を動的計画法により計算する方法の説明をします．この方法も McCaskill により提案されたものとなります．

塩基対確率の計算では $d(:= j - i)$ の降順（$n - 1$ から 0 の順番）で以下の計算を行います．

$$\begin{aligned}
p^{(b)}_{ij} =& \frac{Z_{1,i-1} Z^b_{i,j} Z_{j+1,n}}{Z_{1,n}} \\
&+ \sum_{i':i'<i} \sum_{j':j<j'} p^{(b)}_{i'j'} \frac{Z^b_{ij}}{Z^b_{i'j'}} e^{-\frac{F_2(i',j',i,j)}{kT}} \\
&+ \sum_{i':i'<i} \sum_{j':j<j'} p^{(b)}_{i'j'} \frac{Z^b_{ij}}{Z^b_{i'j'}} e^{-\frac{a+b}{kT}} \times \\
&\left[e^{-\frac{(i-i'-1)c}{kT}} Z^m_{j+1,j'-1} + Z^m_{i'+1,i-1} e^{-\frac{(j'-j-1)c}{kT}} + Z^m_{i'+1,i-1} Z^m_{j+1,j'-1} \right]
\end{aligned}$$

右辺第 1 項は，図 A.4(a) の場合，第 2 項は図 A.4(b) の場合（2-ループ），第 3 項は図 A.4(c) の場合（多重ループ）に対応することに注意してください．上記で $j' - i' > j - i$ であることに注意してください．そのため，$p^{(b)}_{ij}$ を計算する際に，$p^{(b)}_{i'j'}$ はすでに計算されていることになります．

上記はさらに，

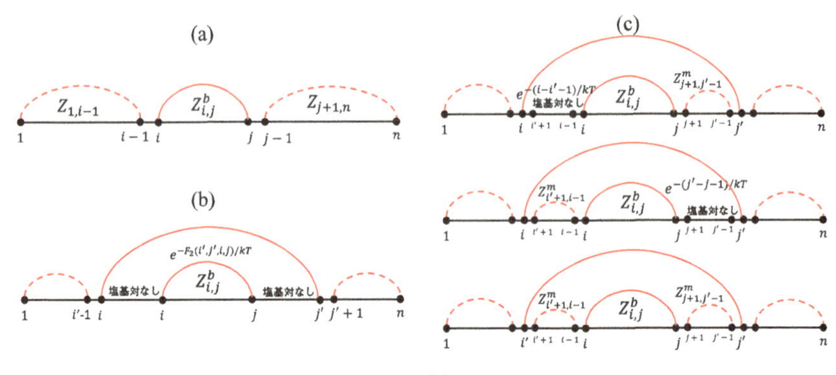

図 A.4 $p^{(b)}_{ij}$ の計算

$$
\begin{aligned}
p^{(b)}_{ij} =& \frac{Z_{1,i-1} Z^b_{i,j} Z_{j+1,n}}{Z_{1,n}} \\
&+ \sum_{i':i'<i} \sum_{j':j<j'} p^{(b)}_{i'j'} \frac{Z^b_{ij}}{Z^b_{i'j'}} e^{-\frac{F_2(i',j',i,j)}{kT}} \quad (※) \\
&+ \sum_{i':i'<i} Z^b_{i,j} e^{-\frac{a+b}{kT}} \left[p^{m1}_{i'j} Z^m_{i'+1,j-1} + p^m_{i'j} \left(e^{-\frac{(i-i'-1)c}{kT}} + Z^m_{i'+1,j-1} \right) \right]
\end{aligned}
$$

と書き換えられます．ここで，

$$
p^m_{i'j} = \sum_{j':j<j'} \frac{p^{(b)}_{i'j'}}{Z^b_{i',j'}} Z^m_{i+1,j-1}
$$

$$
p^{m1}_{i'j} = \sum_{j':j<j'} \frac{p^{(b)}_{i'j'}}{Z^b_{i',j'}} e^{-\frac{(j'-j-1)c}{kT}}
$$

とおきました．これらは $p^{(b)}_{i'j'}$ が計算された時点で 1 度だけ計算し記憶しておきます．(※) の部分は，i',j',i,j の 4 つのインデックスに関して多重ループとなるため，$O(n^4)$ の計算量が必要となりますが，分配関数の計算と同様に $u = i - i' + j' - j - 2$ の閾値 u_m を導入することにより，$O(n^3)$ で計算することが可能となります．$u > u_m$ の場合は，

$$
p^{>u_m}_{ij} = \sum_{u>u_m} Z^b_{ij} p^d_{ju}
$$

と計算されます．ここで，

$$p^d_{ju} = \sum_{j<j'<j+u+1} \frac{p^{(b)}_{j'-u-1,j'}}{Z^b_{j'-u-1,j'}} e^{-\frac{F_2(j'-u-1,j',u)}{kT}}$$

とします．p^d_{ju} は各 $d := j - i$ に対して，1 度だけ計算すれば十分です．

A.4 バイナリ空間上の点推定問題に対する評価指標

本節では，問題 3.1(p.90) に対して，予測 τ と正解 θ がともに与えられた際の評価指標 (evaluation measure) についてまとめます．問題 3.1 は，各次元ごとに 2 値（0 または 1）分類問題であると考えられるので，通常の 2 値分類問題に用いられる，**感度 (sensitivity)**，**特異度 (Specificity)**，**陽性的中率 (positive predictive value, PPV)**，**Matthew's correlation coefficient (MCC)** および **F 値 (F-score)** などの評価指標を利用することができます（文献 [26]2–19）．これらは，真陽性の数 TP（式 (3.19)，p.132），真陰性の数 TN（式 (3.20)，p.132），偽陽性の数 FP（式 (3.21)，p.132），偽陰性の数 FN（式 (3.22)，p.133）を用いて以下の通り定義されます．

$$\begin{aligned}
\text{Sensitivity} &= \frac{\text{TP}}{\text{TP}+\text{FN}}, \\
\text{Specificity} &= \frac{\text{TN}}{\text{FP}+\text{TN}}, \\
\text{PPV} &= \frac{\text{TP}}{\text{TP}+\text{FP}}, \\
\text{MCC} &= \frac{\text{TP}\times\text{TN}-\text{FP}\times\text{FN}}{\sqrt{(\text{TP}+\text{FP})(\text{TP}+\text{FN})(\text{TN}+\text{FP})(\text{TN}+\text{FN})}}, \\
\text{F-score} &= \frac{2\cdot\text{TP}}{2\cdot\text{TP}+\text{FP}+\text{FN}}.
\end{aligned}$$

感度と PPV はトレードオフの関係がある評価指標です [*8]．一方，MCC と F 値は感度と PPV のある種のバランスをとった評価指標となります．

例えば，RNA の 2 次構造予測（問題 3.3，p.95）では，2 次構造中の塩基対に関するこれらの評価指標がしばしば利用されています．

A.5 命題 3.10 の証明

$\theta, \tau \in \mathcal{S}(x)$ に対して，2 次構造の分布が与えられた場合の RNA の 2 次構造予測（問題 3.7，p.119）における利益関数 $G^{(c)}_\gamma(\theta, \tau)$（式 (3.28)，p.139）は

*8 一般にどちらかを大きくしようとすると一方が小さくなります．なぜなら，一般には，TP を大きくしようとすると「1」の予測を増やす必要があり，それに伴い FP も増えるためです．

$$G_{\gamma}^{(c)}(\theta,\tau) = \frac{1}{2}\sum_{i=1}^{n}\left[\gamma\sum_{j:j>i} I(\theta_{ij}=1)I(\tau_{ij}=1) + \gamma\sum_{j:j<i} I(\theta_{ji}=1)I(\tau_{ji}=1)\right.$$
$$\left. + \sum_{j:j>i} I(\theta_{ij}=0)I(\tau_{ij}=0) + \sum_{j:j<i} I(\theta_{ji}=0)I(\tau_{ji}=0)\right]$$

と書き換えられます．ここで n は配列 x の長さです．同様に，利益関数 $G_{\gamma}^{(contra)}(\theta,\tau)$（式 3.29，p.141）は

$$G_{\gamma}^{(contra)}(\theta,\tau) = \sum_{i=1}^{n}\left[\gamma\sum_{j:j>i} I(\theta_{ij}=1)I(\tau_{ij}=1) + \gamma\sum_{j:j<i} I(\theta_{ji}=1)I(\tau_{ji}=1)\right.$$
$$\left. + \prod_{j:j>i} I(\theta_{ij}=0)I(\tau_{ij}=0)\prod_{j:j<i} I(\theta_{ji}=0)I(\tau_{ji}=0)\right]$$

と書き換えられます．

$\theta,\tau\in\mathcal{S}(x)$ に対して，定義 3.2(p.94) の条件 1（配列中の各位置はたかだか 1 つの塩基対しか形成できない）より，$I(\theta_{ij}=1)I(\theta_{ij'}=1)=0$ と $I(\tau_{ij}=1)I(\tau_{ij'}=1)=0$ が任意の $j\neq j'$ について成立するので，

$$\begin{aligned}
&\prod_{j:j>i} I(\theta_{ij}=0)I(\tau_{ij}=0)\\
&\quad= \prod_{j:j>i}\left[(1-I(\theta_{ij}=1))(1-I(\tau_{ij}=1))\right]\\
&\quad= \prod_{j:j>i}\left[1-I(\theta_{ij}=1)-I(\tau_{ij}=1)+I(\theta_{ij}=1)I(\tau_{ij}=1)\right]\\
&\quad= 1-\sum_{j:j>i} I(\theta_{ij}=1)-\sum_{j:j>i} I(\tau_{ij}=1)+\sum_{\substack{j_1\,:\,j_1>i\\ j_2\,:\,j_2>i}} I(\theta_{ij_1}=1)I(\tau_{ij_2}=1)
\end{aligned}$$

を得ます（最後の等号は，掛け算を展開した際に多くの項が 0 となることを使って計算されることに注意してください）．同様にすると，

$$\begin{aligned}
&\prod_{j:j<i} I(\theta_{ji}=0)I(\tau_{ji}=0)\\
&\quad= 1-\sum_{j:j<i} I(\theta_{ji}=1)-\sum_{j:j<i} I(\tau_{ji}=1)+\sum_{\substack{j_1\,:\,j_1<i\\ j_2\,:\,j_2<i}} I(\theta_{j_1 i}=1)I(\tau_{j_2 i}=1).
\end{aligned}$$

も得られます．これらの等式と，再び定義 3.2 の条件 1 より得られる $I(\tau_{ij}=1)$ $I(\tau_{j'i}=1)=0$ および $I(\theta_{ij}=1)I(\theta_{j'i}=1)=0$ を用いると，$G_{\gamma}^{(contra)}(\theta,\tau)$ に含まれる項が

$$
\begin{aligned}
&\prod_{j:j>i} I(\theta_{ij}=0)I(\tau_{ij}=0) \prod_{j:j<i} I(\theta_{ji}=0)I(\tau_{ji}=0) \\
&\quad = 1 - \sum_{j:j<i} I(\theta_{ji}=1) - \sum_{j:j<i} I(\tau_{ji}=1) - \sum_{j:j<i} I(\theta_{ji}=1) - \sum_{j:j<i} I(\tau_{ji}=1) \\
&\qquad + \sum_{\substack{j_1\,:\,j_1<i \\ j_2\,:\,j_2>i}} I(\theta_{j_1 i}=1)I(\tau_{ij_2}=1) + \sum_{\substack{j_1\,:\,j_1>i \\ j_2\,:\,j_2<i}} I(\theta_{ij_1}=1)I(\tau_{j_2 i}=1) \\
&\qquad + \sum_{\substack{j_1\,:\,j_1>i \\ j_2\,:\,j_2>i}} I(\theta_{ij_1}=1)I(\tau_{ij_2}=1) + \sum_{\substack{j_1\,:\,j_1<i \\ j_2\,:\,j_2<i}} I(\theta_{j_1 i}=1)I(\tau_{j_2 i}=1)
\end{aligned}
$$

と計算されます（再び，掛け算を展開した際に多くの項が 0 となることを利用して計算しています）．一方で，同様の計算により，$G_\gamma^{(c)}(\theta,\tau)$ に含まれる項が

$$
\begin{aligned}
&\sum_{j:j>i} I(\theta_{ij}=0)I(\tau_{ij}=0) + \sum_{j:j<i} I(\theta_{ji}=0)I(\tau_{ji}=0) \\
&\quad = (n-1) - \sum_{j:j>i} I(\theta_{ij}=1) \\
&\qquad - \sum_{j:j<i} I(\theta_{ji}=1) - \sum_{j:j>i} I(\tau_{ij}=1) - \sum_{j:j<i} I(\tau_{ji}=1) \\
&\qquad + \sum_{j:j>i} I(\theta_{ij}=1)I(\tau_{ij}=1) + \sum_{j:j<i} I(\theta_{ji}=1)I(\tau_{ji}=1)
\end{aligned}
$$

と計算されます．以上により，

$$
\begin{aligned}
&A_\gamma(\theta,\tau,i) \\
&\quad = \gamma\left[\sum_{j:j>i} I(\theta_{ij}=1)I(\tau_{ij}=1) + \sum_{j:j<i} I(\theta_{ji}=1)I(\tau_{ji}=1)\right] \\
&\qquad - \sum_{j:j>i} I(\theta_{ij}=1) - \sum_{j:j<i} I(\theta_{ji}=1) - \sum_{j:j>i} I(\tau_{ij}=1) - \sum_{j:j<i} I(\tau_{ji}=1)
\end{aligned}
$$

と置くと，$G_\gamma^{(contra)}(\theta,y)$ と $G_\gamma^{(c)}(\theta,y)$ はそれぞれ，

$$
G_\gamma^{(contra)}(\theta,y) = \sum_{i=1}^n G_\gamma^{(contra)}(\theta,\tau,i), \quad G_\gamma^{(c)}(\theta,y) = \sum_{i=1}^n G_\gamma^{(c)}(\theta,\tau,i)
$$

となることがわかります．ここで，

$$
\begin{aligned}
G_\gamma^{(contra)}(\theta,\tau,i) &= A_\gamma(\theta,\tau,i) + C \\
&+ \sum_{\substack{j_1 : j_1 < i \\ j_2 : j_2 > i}} I(\theta_{j_1 i} = 1) I(\tau_{i j_2} = 1) + \sum_{\substack{j_1 : j_1 > i \\ j_2 : j_2 < i}} I(\theta_{i j_1} = 1) I(\tau_{j_2 i} = 1) \\
&+ \sum_{\substack{j_1 : j_1 > i \\ j_2 : j_2 > i}} I(\theta_{i j_1} = 1) I(\tau_{i j_2} = 1) + \sum_{\substack{j_1 : j_1 < i \\ j_2 : j_2 < i}} I(\theta_{j_1 i} = 1) I(\tau_{j_2 i} = 1),
\end{aligned}
$$

$$
\begin{aligned}
&G_\gamma^{(c)}(\theta,\tau,i) \\
&= \frac{1}{2}\left[A_\gamma(\theta,\tau,i) + C' + \sum_{j:j>i} I(\theta_{ij} = 1) I(\tau_{ij} = 1) + \sum_{j:j<i} I(\theta_{ji} = 1) I(\tau_{ji} = 1) \right]
\end{aligned}
$$

です (C および C' は n にのみ依存する定数となります). これより, 命題の関係式が成立することがわかります.

A.6　系統樹推定に関する補足

第 3 章では, ペアワイズアラインメント（問題 3.2, p.93）と RNA2 次構造予測（問題 3.3, p.95）, 系統樹のトポロジー推定（問題 3.4, p.98）を取り上げ, これらの 3 つの問題が, 類似の構造を持っていることを見ました（補題 3.9, p.138）. しかし, 本文中でも何度か説明した通り, 実際の推定量の計算を行ううえでは,（ほかの 2 つの問題とは異なり）系統樹のトポロジー推定においては, 動的計画法の効率的なアルゴリズムが存在しません. これは, 系統樹のトポロジー推定の制約の解消（定義 3.3(p.96) の条件の解消）が, 動的計画法を用いて効率的にできないことに起因しています *9. そのため, 一般には, サンプリングなどの近似的な方法を利用する必要があります. 本文中では, 詳述することができなかった, 系統樹推定（の特に確率モデル）に関しては, たとえば [9] に詳しく記載されています.

---

*9　いい換えると, 系統樹トポロジーのスコアを動的計画法により部分問題の最適解を用いて効率的に計算することが難しいということです. このため, 系統樹推定はアラインメントと RNA2 次構造予測と類似の問題構造を持っているにもかかわらず, 実際に推定量の計算を行う際にはこれらの問題よりも難しい問題となっています.

B i b l i o g r a p h y

参考文献

[1] H. Adachi, A. Ishiguro, M. Hamada, E. Sakota, K. Asai, and Y. Nakamura. Antagonistic RNA aptamer specific to a heterodimeric form of human interleukin-17A/F. *Biochimie*, 93(7), pp. 1081–1088, 2011.

[2] 阿久津達也. バイオインフォマティクスの数理とアルゴリズム（アルゴリズム・サイエンスシリーズ 12（適用事例編））. 共立出版, 2007.

[3] Y. Benjamini and Y. Hochberg. Controlling the false discovery rate: a practical and powerful approach to multiple testing. *Journal of the Royal Statistical Society, Series B*, 57(1), pp. 289–300, 1995.

[4] Y. Benjamini and D. Yekutieli. The control of the false discovery rate in multiple testing under dependency. *Annals of Statistics*, 29(4), pp. 1165–1188, 2001.

[5] C. E. Bonferroni. Teoria statistica delle classi e calcolo delle probabilità. *Pubblicazioni del R Istituto Superiore di Scienze Economiche e Commerciali di Firenze*, 8, pp. 8–62, 1936.

[6] L. E. Carvalho and C. E. Lawrence. Centroid estimation in discrete high-dimensional spaces with applications in biology. *Proc. Natl. Acad. Sci. U.S.A.*, 105(9), pp. 3209–3214, 2008.

[7] P. Clote and R. Backofen. 統計物理化学から学ぶバイオインフォマティクス. 共立出版, 2004.

[8] Y. Ding, C.Y. Chan, and C.E. Lawrence. RNA secondary structure prediction by centroids in a Boltzmann weighted ensemble. *RNA*, 11(8), pp. 1157–1166, 2005.

[9] R. Durbin, S. R. Eddy, Anders Krogh, and Graeme Mitchison. *Biological Sequence Analysis: Probabilistic Models of Proteins and Nucleic Acids.* (new. edition), Cambridge University Press, 1999.

[10] B. Efron. Microarrays, Empirical Bayes and the Two-Groups Model. *Statistical Science*, 23(1), pp. 1–22, 2008.

[11] M. C. Frith, M. Hamada, and P. Horton. Parameters for accurate genome alignment. *BMC Bioinformatics*, 11, 80, 2010.

[12] A. P. Gasch et al. Genomic expression programs in the response of yeast cells to environmental changes, *Molecular Biology of the Cell*, 11(12), pp. 4241–4257, 2000.

[13] O. Gotoh. An improved algorithm for matching biological sequences. *J. Mol. Biol.*, 162(3), pp. 705–708, 1982.

[14] M. Hamada. Fighting against uncertainty: an essential issue in bioinformatics. *Brief. Bioinformatics*, 15(5), pp. 748–767, 2014.

[15] M. Hamada, H. Kiryu, W. Iwasaki, and K. Asai. Generalized centroid estimators in bioinformatics. *PLoS ONE*, 6(2), e16450, 2011.

[16] M. Hamada, H. Kiryu, K. Sato, T. Mituyama, and K. Asai. Prediction of RNA secondary structure using generalized centroid estimators. *Bioinformatics*, 25(4), pp. 465–473, 2009.

[17] J. Han, M. Kamber, and J. Pei. *Data Mining. Concepts and Techniques.* Morgan Kaufmann, 2011.

[18] C. T. Harbison, D. B. Gordon, T. I. Lee, N. J. Rinaldi, K. D. Macisaac, T. W. Danford, *et al.* Transcriptional regulatory code of a eukaryotic genome. *Nature*, 431(7004), pp. 99–104, 2004.

[19] Y. Hochberg. A sharper bonferroni procedure for multiple tests of significance. *Biometrika*, 75(4), pp. 800–802, 1988.

[20] S. Holm. A simple sequentially rejective multiple test procedure. *Scandinavian Journal of Statistics*, 6(2), pp. 65–70, 1979.

[21] J. P. Huelsenbeck and F. Ronquist. MRBAYES: Bayesian inference of phylogenetic trees. *Bioinformatics*, 17(8), pp. 754–755, 2001.

[22] 岸野洋久, 浅井潔. 生物配列の統計——核酸・タンパクから情報を読む（統計科学のフロンティア 9）. 岩波書店, 2003.

[23] J. S. McCaskill. The equilibrium partition function and base pair binding probabilities for RNA secondary structure. *Biopolymers*, 29(6-7), pp. 1105–1119, 1990.

[24] S. Minato, T. Uno, K. Tsuda, A. Terada, and J. Sese. A Fast Method of Statistical Assessment for Combinatorial Hypotheses Based on Frequent Itemset Enumeration. *ECML/PKDD 2014*, pp. 422–436, 2014.

[25] R. Mori, M. Hamada, and K. Asai. Efficient calculation of exact probability distributions of integer features on RNA secondary structures. *BMC Genomics*, 15(Suppl 10), S6, 2014.

[26] 日本バイオインフォマティクス学会（編）. バイオインフォマティクス入門. 慶應義塾大学出版会, 2015.

[27] 二階堂愛（編）. 次世代シークエンス解析スタンダード——NGS のポテンシャルを活かしきる WET&DRY. 羊土社, 2014.

[28] E. Picardi (eds.), *RNA Bioinformatics (Methods in Molecular Biology)*

2015 edition., Humana Press, 2015.

[29] 塩見春彦, 稲田利文, 泊幸秀, 廣瀬哲郎（編）. 生命分子を統合する RNA——その秘められた役割と制御機構（実験医学増刊 Vol. 31-7）. 羊土社, 2013.

[30] J. D. Storey and R. Tibshirani. Statistical significance for genomewide studies., *Proc. Natl. Acad. Sci. U.S.A*, 100(16), pp. 9440–9445, 2003.

[31] R. E. Tarone. A modified Bonferroni method for discrete data. *Biometrics*, 46(2), pp. 515–522, 1990.

[32] A. Terada, K. Tsuda, and J. Sese. Fast Westfall-Young Permutation Procedure for Combinatorial Regulation Discovery. In *IEEE Bioinformatics and Biomedicine 2013*, pp. 153–158, 2013.

[33] A. Terada, M. Okada-Hatakeyama, K. Tsuda, and J. Sese. Statistical significance of combinatorial regulations. *Proc. Natl. Acad. Sci. U.S.A*, 110(32), pp. 12996–13001, 2013.

[34] P. Westfall and S. S. Young. *Resampling-Based Multiple Testing: Examples and Methods for p-Value Adjustment.* Wiley-Interscience, 1993.

[35] D. Yekutieli and Y. Benjamini. Resampling-based false discovery rate controlling multiple test procedures for correlated test statistics. *Journal of Statistical Planning and Inference*, 82(1–2), pp. 171–196, 1999.

索　引

数字・欧文

あ行

か行

さ行

た行

な行

は行

ま行

や行

ら行

わ行

著者紹介

瀬々 潤　博士（科学）
1999 年　東京大学工学部計数工学科卒業
2003 年　東京大学大学院新領域創成科学研究科複雑理工学専攻博士
　　　　後期課程中退
現　在　産業技術総合研究所創薬基盤研究部門 主任研究員

浜田道昭　博士（理学）
2000 年　東北大学理学部数学科卒業
2009 年　東京工業大学大学院総合理工学研究科知能システム科学専攻
　　　　博士課程修了
現　在　早稲田大学理工学術院 准教授

NDC007　190p　21cm

機械学習プロフェッショナルシリーズ
生命情報処理における機械学習
多重検定と推定量設定

2015 年 12 月 8 日　第 1 刷発行

著　者　瀬々 潤・浜田道昭
発行者　鈴木 哲
発行所　株式会社 講談社
　　　　〒 112-8001　東京都文京区音羽 2-12-21
　　　　　販売　(03)5395-4415
　　　　　業務　(03)5395-3615

編　集　株式会社 講談社サイエンティフィク
　　　　代表　矢吹俊吉
　　　　〒 162-0825　東京都新宿区神楽坂 2-14　ノービィビル
　　　　　編集　(03)3235-3701
本文データ制作　藤原印刷株式会社
カバー・表紙印刷　豊国印刷株式会社
本文印刷・製本　株式会社 講談社

落丁本・乱丁本は，購入書店名を明記のうえ，講談社業務宛にお送りください．送料小社負担にてお取替えします．なお，この本の内容についてのお問い合わせは，講談社サイエンティフィク宛にお願いいたします．定価はカバーに表示してあります．

Printed in Japan

ISBN 978-4-06-152911-3